# LOS ÁNGELES DE ABAJO

Fernando Castro Chávez

FERNANDO CASTRO CHÁVEZ

Copyright © 2018 Fernando Castro Chávez

All rights reserved.

ISBN-13: 9781729118634

## DEDICATORIA

A todos aquellos que desean discernir lo que procede de Dios en Su creación y todo aquello que no procede de Él y que fuera causado por su enemigo Lucifer.

"Porque no tenemos lucha contra sangre y carne, sino contra principados, contra potestades, contra los gobernadores de las tinieblas de este siglo, contra huestes espirituales de maldad en las regiones celestes…"
Ef. 6:12

FERNANDO CASTRO CHÁVEZ

# CONTENIDO

01. DEDICATORIA, 3

02. AGRADECIMIENTOS, 7

04. INTRODUCCIÓN, 9

05. LIBRO PRIMERO, 11

1 EL PRIMER INTENTO LUCIFERIANO POR DESTRUIR A LA HUMANIDAD, 13

2 EL SEGUNDO INTENTO LUCIFERIANO POR DESTRUIR A LA HUMANIDAD, 17

3 ORGANISMOS NO HUMANOS SEMEJANTES A LOS HUMANOS, 19

4 DE CÓMO A PARTIR DE BABEL LOS SERES HUMANOS INTENTARON DE NUEVO PRODUCIR MONSTRUOS SEMI-HUMANOS, 25

4.1. LIBRO SEGUNDO, 37

5 LA PERMANENCIA EN RUINA DE SODOMA Y DE GOMORRA DECRETADA POR DIOS, 39

6 EVIDENCIAS DE LOS RESTOS AZUFRADOS DE SODOMA Y DE GOMORRA, 43

7 LA DIVINA LIBERACIÓN PARA JUICIO DEL PRIMER GRUPO QUE INTENTÓ CORROMPER AL SER HUMANO, 49

8 LA DIVINA LIBERACIÓN PARA JUICIO DEL SEGUNDO GRUPO QUE INTENTÓ ELIMINAR AL SER HUMANO, 53

9.1 APÉNDICES, 59

9.2 CONCLUSIONES, 63

9.3 ACERCA DEL AUTOR, 68

FERNANDO CASTRO CHÁVEZ

# AGRADECIMIENTOS

A Tracy Duncan, con quien comencé haciendo éstos estudios bíblicos allá por Houston, TX.

FERNANDO CASTRO CHÁVEZ

# INTRODUCCIÓN

**S**abemos que Dios es un Dios bueno; sin embargo, a veces, cuando el mal y el maligno intentan hacer de las suyas por encima del bien y de todo lo bueno, Dios tiene que tomar medidas extremas para vencer al mal y confinarlo a éste, por eso dice lo que dice en la siguiente escritura que h sorprendido a muchos:

> "... yo Jehová, y ninguno [hay] más que yo, que formo la luz y creo las tinieblas, que hago la paz y creo la adversidad. Yo Jehová soy el que hago todo esto. Rociad, cielos, de arriba, y las nubes destilen la justicia..." Is. 45:6-8.

Aquí también nos queda claro que Su supremo deseo sería que hubiera buen temporal para las cosechas humanas y que abundara la justicia sobre toda la tierra, pero como Él sabe que esto no es posible mientras exista un adversario suyo con todo y huestes opuestas a Él, va a ser necesario que haya tinieblas para circunscribir a este ser, que haya adversidad para con los que se oponen a Él.

Pero, por ejemplo, ha existido una facción de cristianos que han intentado eximir a Dios de toda responsabilidad cuando se suscita cualquier caso de adversidad; sin embargo, acabamos de leer que Dios toma responsabilidad de traer tinieblas y adversidad cuando éstas son necesarias; por ejemplo, esas personas sinceras pero mal encausadas, no tienen ni donde hacerse cuando descubren que al final de los tiempos solamente Dios mismo será capaz de mandar fuego del cielo para consumir a todos aquellos seres humanos que engañados por Satanás (el adversario), intentarán fallidamente de derrotar a Cristo y a los suyos, entonces Cristo, que se encontrará sobre la tierra, no podrá hacer ninguna otra cosa sino la de clamarle a Dios por su ayuda celestial; y esto es lo que sucederá en el futuro:

"…Cuando los mil años se cumplan, Satanás será suelto de su prisión, y saldrá a engañar a las naciones… el número de los cuales es como la arena del mar. Y subieron sobre la anchura de la tierra, y rodearon el campamento de los santos y la ciudad amada; y de Dios descendió fuego del cielo, y los consumió" Ap. 20:7-9.

Entonces está muy claro que dice que este fuego descendió "del cielo", ""de Dios", el cual consumió a todos esos humanos malvados del futuro.

Por lo tanto, y en base a esa premisa y a este entendimiento, podemos con confianza decir, dejando de lado ese inútil deseo de querer excusar a Dios por algo que en realidad fue un acto de bondad y de misericordia para con el género humano y para preservar el cumplimiento de su promesa de la venida futura del salvador del mundo, el hecho de que Dios mismo haya causado el diluvio que ahogó a todos los malvados y a sus obras en los días de Noé:

"…Dijo, pues, Dios [Elohim dice en hebreo] a Noé: He decidido el fin de todo ser, porque la tierra está llena de violencia a causa de ellos [de los Nephilim, los que se mencionan antes como anómalas fuentes de maldad]; y he aquí que yo los destruiré con la tierra" Gn. 6:13.

Pero: ¿quiénes o qué eran éstos "Nephilim"? (esto lo iremos viendo un poco en este estudio y más a fondo en el siguiente).

Las transparencias aunadas a mis presentaciones originales en español se encuentran en: https://www.youtube.com/watch?v=bQ2oM1JoOIU y https://www.youtube.com/watch?v=cBpVuTgrOdA

# LIBRO PRIMERO

## 1.1 EL PRIMER INTENTO LUCIFERIANO POR DESTRUIR A LA HUMANIDAD

**D**e mi estudio de las escrituras descubro que hubo dos intentos por acabar con el ser humano en los días de Noé, así como habrá dos camadas de aberraciones genéticas (seres "mitológicos") que arremeterán contra el ser humano en los días del Apocalipsis (según se describe en el Ap. 9):

**1.** ¡El Primer Ataque de "Ángeles caídos" intentó corromper el genoma de todos los seres humanos y fracasó (gracias a Dios)! Lo cual se describe en la Biblia de la siguiente manera:

"Aconteció que cuando comenzaron los hombres [comenzó Adán] a multiplicarse sobre la faz de la tierra, y les [le] nacieron hijas, que viendo los hijos de Dios [*Bene Ha Elohim*, seres espirituales, ángeles] que las hijas de los hombres [Adán] eran hermosas, tomaron para sí mujeres, escogiendo entre todas [fueran casadas o solteras]. Y dijo Jehová: No contenderá mi espíritu con el hombre [Adán] para siempre, porque ciertamente él [Adán] es carne; mas serán sus días [los restantes días de la vida de Adán] ciento veinte años" Gn. 6:1-3.

Como siempre, Dios y Su revelación nos precisan los tiempos indicando que ésta irrupción de seres espirituales rebeldes del bando de Lucifer, los cuales estaban rompiendo con las reglas de Dios de mantener separado el plano espiritual del carnal, sucedió en los días en los que todavía vivía Adán, a quien Dios le dio un límite de 120 años más a su vida.

Para mejor comprender el hecho de que a los seres espirituales se les llama los "hijos de Dios", veamos otra escritura bíblica que usa la misma expresión:

> "Un día vinieron a presentarse delante de Jehová los hijos de Dios [Bene Ha Elohim, seres espirituales, ángeles], entre los cuales vino también Satanás ... Cuando alababan todas las estrellas del alba, y se regocijaban todos los hijos de Dios [Bene Ha Elohim, seres espirituales, ángeles]?" Job 1:6; 38:7.

El mismo Satanás (el adversario) se incluye entre los "hijos de Dios" por ser una creación de Dios como el resto de los ángeles, sean hoy en día buenos o malos (los que se convirtieron en diablos o demonios junto con su líder Lucifer, quien es ese adversario mencionado antes). Y más detalles acerca de ese intento de corromper a la genética humana para así evitar la venida del Cristo y acabar con la humanidad se lee a continuación, en el mismo inicio del capítulo seis del Génesis del que ya habíamos citado el comienzo:

> "Había gigantes [Nephilim, los postrados] en la tierra en aquellos días, y también después [en los días de Josué con los hijos de Arba y luego en los días del rey David con Goliat y sus hermanos] que se llegaron los hijos de Dios [ángeles] a las hijas de los hombres [Adán], y les engendraron hijos. Estos fueron los valientes [*gibborim*, fuertes] que desde la antigüedad fueron varones ["*an-sé*", de "*ish*", machos, ¡usado de los animales!, Gn. 7:2!] de renombre [*has-shem*, de un nombre]. Y vio Jehová que la maldad de los hombres [Adán] era mucha en la tierra, y que todo designio de los pensamientos del corazón de ellos [de Adán] era de continuo solamente el mal" Gn. 6:4-5.

Esto que sucedió en el pasado, en los días de Noé, y que en menor escala estaba sucediendo en Sodoma y Gomorra, desgraciadamente es algo que se repite entre los abusadores de la autoridad, referente a los excesos sexuales de las peores naturalezas, aún dentro de los grupos cristianos debido a los impostores que siendo tinieblas, se infiltran como si fueran seres de luz, y la escritura presenta esto de la siguiente manera:

> "… muchos seguirán sus disoluciones [*aselgeiais*, lascivias, desenfrenos, caminos funestos o perniciosos]… Dios no perdonó a los ángeles que pecaron, sino que arrojándolos al infierno [Tartarosas] los entregó a prisiones de oscuridad, para ser reservados al juicio; y si [Dios] no perdonó al mundo antiguo, sino que guardó a Noé, pregonero de justicia… trayendo el diluvio sobre el mundo de los impíos; y si

condenó por destrucción [*katastrophe*] a las ciudades de Sodoma y de Gomorra, reduciéndolas a ceniza [*tephrosas*]..." 2 Pe. 2:2a, 4-6.

Dando de estos eventos del pasado una serie de asombrosos detalles el Apóstol Judas (quien obviamente no era de los doce Apóstoles iniciales, sino que fue posterior Apóstol, como también lo fue su hermano Jacobo, el que escribió la epístola de Santiago), el medio hermano de Jesús, en su breve epístola, al decirnos:

"...algunos hombres han entrado encubiertamente... que convierten en libertinaje [*aselgeian*, lascivia] la gracia de nuestro Dios... Y a los ángeles que no guardaron su dignidad, sino que abandonaron su propia morada [*oiketerion*], los ha guardado [Dios] bajo oscuridad, en prisiones eternas [prolongadas], para el juicio [juzgar y ser juzgados] del gran día [El Apocalipsis y El Trono Blanco]" Jd. (1:)4a, 6.

Entonces, la igualdad aquí nos indica que la forma en la que pecaron al decir de Pedro, fue porque "abandonaron su propia morada" al decir de Judas. Compara con los "ángeles caídos" a los hombres que sin ser cristianos, fingen serlo para su propia ganancia personal, no sólo la financiera sino también la sexual, estos ángeles, aquí dice, según entiendo yo, que no se mantuvieron en su dimensión, sino que deliberadamente abandonaron ese estado espiritual (que se refiere a su "envoltura", ya que es la misma palabra griega que se usa cuando Pablo habla de nuestro cuerpo físico, terrena, como nuestra habitación: *oiketerion*, por lo que se refiere a que algunos de los ángeles que servían a Lucifer, es decir, algunos diablos o demonios, decidieron quebrantar su dimensión espiritual e irrumpir de alguna forma, totalmente en contra de la voluntad de Dios: ¡en el plano carnal o físico!). Y de hecho, el texto de Judas es más detallado, pero como decía, lo veremos en el otro libro compañero de éste. Por lo pronto, es notable que lo que Pablo dice en Efesios tiene todo que ver con este asunto tratado por Judas:

"...quiero que sepáis que Cristo es la cabeza de todo varón, y el varón es la cabeza de la mujer, y Dios la cabeza de Cristo ...Por lo cual la mujer [casada] debe tener señal de autoridad sobre su cabeza [tener respeto para con su esposo, usar su velo matrimonial (*v.gr.*, el anillo matrimonial actual)], por causa de los ángeles" 1 Cor. 11:3, 10.

Esto nos lleva a entender otro punto, que las mujeres de los días de Noé, ellas mismas básicamente, aunque estuvieran casadas, se ofrecían ellas mismas a esos "ángeles caídos", sin mostrar respeto alguno para con sus esposos. Ahora Pablo pide que como señal de respeto a ellos, ellas exhiban alguna prueba de que están casadas, que en ese entonces era el velo que era sujetado por la diadema conteniendo las arras que el marido les había regalado (equivalente al anillo de bodas actual, aunque siendo aquello algo más aparatos o visible).

Evidencia adicional que toda la corrupción que sucedió en los tiempos de Noé repercutió en la contaminación del genoma humano nos viene de la descripción de Noé, ¡como siendo el único que aún conservaba su plena genética de ser humano! (No así el resto de las familias de sus tiempos):

"…Pero Noé halló gracia ante los ojos de Jehová. Estas son las generaciones [*toledoth*, genealogías, historias de familia] de Noé: Noé, varón justo, era perfecto [**tamim**, sin mancha biológica, la misma palabra usada para los corderos a ser ofrecidos en la ley] en sus generaciones [*dor*, ¡en su tiempo!]; con Dios caminó Noé. Y engendró Noé tres hijos: a Sem, a Cam y a Jafet" Gn. 6 :8-10.

Esta palabra hebrea para "perfecto" (*tamim*), como E. W. Büllinger ya lo ha demostrado de manera adecuada, es la misma que se usa para referirse a los animales que se iban a ofrendar o a sacrificar en lugar de los hebreos según la ley judía.

## 1.2 EL SEGUNDO INTENTO LUCIFERIANO POR DESTRUIR A LA HUMANIDAD

Comenzaremos viendo aquí:

2. ¡El Segundo Ataque de otro grupo de "Ángeles caídos" intentó destruir a Noé y a su familia mediante la posesión diabólica de humanos y de no humanos (es decir, de animales y de "homínidos" tales como los neandertales), ¡y fracasó!

La escritura en la que veo acerca de este ataque, no sólo es la sombra del mismo cuando Jesús echó fuera a los demonios que fueron a dar a los cerdos y de allí se precipitaron al agua, ahogando a dichos animales, sino también el hecho de que hay dos grupos claramente diferentes definidos en el Apocalipsis 9, y también la siguiente escritura:

"Asimismo vosotras, mujeres, estad sujetas a vuestros maridos… [Jesús fue] vivificado en espíritu; en el cual también fue y predicó a los espíritus encarcelados, los que en otro tiempo desobedecieron, cuando una vez esperaba la paciencia de Dios en los días de Noé, mientras se preparaba el arca… y a él [Jesús] están sujetos ángeles, autoridades y potestades" 1 Pe. 3:1a, 18b-20a, 22b.

Entonces, aquí se nos dice que así como todo ser espiritual, excepto Dios mismo, están sujetos a Cristo, así también las mujeres han de estar sujetas a sus maridos, en el sentido de ser su apoyo total y reconocer con respeto su buena autoridad y liderazgo (siempre y cuando obre aquel en conformidad con su propia cabeza, ¡la cual es Cristo!).

Luego nos dice ese mismo texto que en su cuerpo espiritual Jesús fue a dar testimonio a los desobedientes espíritus encarcelados (que es otra forma de designar a los ángeles caídos de la segunda camada que intentó acabar con el ser humano), ya que los del primer intento que vimos en el capítulo anterior intentaron corromper el genoma humano y fueron a dar al lugar ardiente de lava y fuego de las profundidades de la tierra, mientras que estos desobedientes están presos y asociados a las aguas subterráneas, de allí que se mencione a Noé.

Otra escritura que nos muestra el hecho de que Jesús se presentó ante estos seres espirituales que ahora se encuentran presos, es la siguiente:

"… Subiendo a lo alto, llevó cautiva la cautividad, y dio dones a los hombres. Y eso de que subió, ¿qué es, sino que también había descendido primero a las partes más bajas de la tierra? El que descendió, es el mismo que también subió por encima de todos los cielos para llenarlo todo" Ef. 4:8b-10.

La razón por la que Jesús descendió a las partes más bajas de la tierra es la que vimos en el texto anterior, el de Pedro, que nos dice que Jesús fue a anunciarles su victoria a los espíritus encarcelados, es decir a los ángeles en prisión, aquí mismo, debajo de la tierra, el único lugar en el que existen ángeles presos en el día de hoy.

## 1.3 ORGANISMOS NO HUMANOS SEMEJANTES A LOS HUMANOS

Hubo organismos no humanos, viviendo lado a lado de y con los humanos, los cuales parecían (casi) como si fueran humanos, llamados (en inglés): Rephaim = Nephilim = Anakim = Emim = Zamzummim (Zuzim) = Horim (Horites) = Avim, etc. (*v.gr.* Neanderthals, *H. erectus* y seres semejantes). ¡La Biblia nos lo dice…!

Y como fondo de esta transparencia, pongo una de esas estructuras que parecieran ser grandes dólmenes y menhires, o algo así.

Luego uso como argumento de que todas las cosas relacionadas con la biología y la historia remota pueden ser claramente entendidas por aquel que busca y que quiere saber acerca de esas cosas, como yo, el hecho de que Dios nos ha dado ya también "todas las cosas que pertenecen a la vida", que yo lo tomo incluyendo al entendimiento de las mismas cosas:

"…todas las cosas que pertenecen a la vida y a la piedad nos han sido dadas por Su divino poder, mediante el conocimiento de aquel que nos llamó por su gloria y excelencia, por medio de las cuales nos ha dado preciosas y grandísimas promesas, para que por ellas llegaseis a ser participantes de la naturaleza divina, habiendo huido de la corrupción que hay en el mundo a causa de la concupiscencia" 2 Pe. 1:3-4.

Y podemos entender todas las cosas, por el contexto de este escrito, debido a que ya nos hemos escapado de unos pensamientos y deseos meramente carnales, ya que lo que buscamos es entendimiento de la verdad para no ser engañados por las mentiras con las que hombres sin Dios intentan explicar todas estas cosas antinaturales que estaban sucediendo en el pasado en contra de la voluntad de Dios.

Luego abordamos una escritura medular, valga la redundancia, relacionada con la médula ósea de Adán, con la que Dios formó a Eva:

"Entonces Jehová Dios hizo caer sueño profundo sobre Adán, y mientras éste dormía, [Dios] tomó una de sus costillas, y cerró la carne en su lugar. Y de la costilla que Jehová Dios tomó del hombre, hizo una mujer, y la trajo al hombre" Gn. 2:21-22.

En la transparencia pongo la foto de una costilla en el laboratorio, al lado de una caja de *petri*, luego pongo los componentes internos de la médula ósea: la médula roja, de la que se obtienen glóbulos rojos, y la médula blanca, de la que se obtienen glóbulos blancos y plaquetas; pero es sabido que de estas mismas médulas, con los ingredientes adecuados, es posible producir cualquier célula del cuerpo humano.

A continuación presento el experimento teórico, en el cual Dios toma a una célula pluri-potente de esa médula, para removerle a esa célula masculina xy, el cromosoma y (responsable del origen de un hombre), mientras que toma una célula contigua de la que más bien toma un cromosoma x (que cuando queda como xx se da origen a una mujer) que Él inserta en la célula a la que previamente le removió el cromosoma y, ¡dando así origen a una célula femenina con dos cromosomas x, o célula xx!

Luego presento una escritura tremenda que se ha "espiritualizado" para detrimento del entendimiento humano, es decir, que se ha interpretado solamente de manera espiritual, dejando de lado su fuerte factor físico o biológico que también se encuentra presente, como se demostró a través de la historia antigua:

"Y [yo Dios] pondré enemistad entre ti [la serpiente, el Diablo] y la mujer, y entre tu simiente [comenzando con la simiente biológica de la serpiente] y la simiente suya [¡la simiente biológica de la mujer: Jesús!]; ésta [Jesús] te herirá en la cabeza, y tú le herirás en el calcañar" Gn. 3:15.

Entonces, veamos lo siguiente: que si aquí en esta escritura se nos dice que la simiente de la mujer heriría o aplastaría la cabeza de la serpiente, y esto es algo totalmente real, en el sentido de que "la simiente de la mujer" es un ser humano: ¡Jesucristo! Y no algo o alguien inmaterial o etéreo, en el mismo nivel y categoría se ha de encontrar uno con "la simiente de la serpiente". Desgraciadamente, como se han dado a interpretar esta escritura, la toman como algo espiritual, siendo que eso se sale del cuadro de la otra simiente que es alguien real y corpóreo: Jesucristo, el hombre. Entonces nuestra gran pregunta que intentamos responder con lo mejor de nuestro entender y de la guía divina es: ¿Cuál es la contraparte biológica natural de la simiente de Satanás, si es que la simiente de la mujer es Jesús?

Sabemos que el Apocalipsis es claro al decirnos que Satán va a falsificar la genuina resurrección que Dios llevó a cabo en Jesucristo, fingiendo una falsa "resurrección" para su Anticristo que va a ser asesinado, y que permanecerá en ese estado, en pura imitación a Cristo, durante tres días y tres noches también, como Jesucristo lo estuvo, y que al cumplimiento de esta fecha, Satán enviará a uno de sus demonios principales, aquél recién salido del abismo, de debajo de las profundidades de esta tierra, aquel Abaddón que lidera a los demonios que trabajan incansablemente produciendo "monstruosidades" genéticas, como las que se describen en el Apocalipsis 9.

Si todo esto está claramente documentado como que sucederá, debe también de haber existido un intento de Satán por falsificar o presentar una versión falsa de una, o múltiples, como veremos que sucedió, supuestas concepciones sobrenaturales.

Al observar la historia, veo que la única forma como esto pudo haberse cumplido, es mediante el origen de todos esos seres que no dudaron por estar mal-hechos, que incluyen a los neandertales y todas sus variantes, incluyendo a los *floresiensis*, luego el *H. erectus*, australopitecus, etc., etc.

Luego pongo una escritura bellísima que habla del otro libro que tiene Dios, aparte de la Biblia sobre esta tierra, y es el Código Genético, y dice así:

"Mi embrión vieron tus ojos [oh Dios], Y en tu libro [*SPRK: sipreka*, ¡el Genoma Humano! Basado en El Código Genético] estaban escritas todas aquellas cosas que fueron luego formadas, sin faltar una de ellas" Sal. 139:16.

Aquí vemos que es mucho muy sorprendente, que las dos primeras letras hebreas se asemejan en su forma, así como las dos últimas lo hacen, siendo esto para mí una deliberada evocación por parte de Dios de darnos a entender que existen cuatro nucleótidos de los cuales dos se parecen entre sí: las purinas, y los otros dos también se parecen: las pirimidinas. Siendo así el SP como la representación de las purinas y el RK como la de las pirimidinas. Y hoy sabemos que éstas dos se agrupan en todas sus combinaciones posibles en grupos de tres, llegando a la siguiente "ecuación": 4 x 4 x 4 = 8 x 8 = 64, que es el número de todos los codones o combinaciones posibles, produciendo todas ellas, excepto tres (los tres codones de terminación, que marcan el fin o el alto y que no codifican para anexar ningún amino ácido a la cadena en formación.

Luego pongo o siguiente: "La más antigua representación conocida del Código Genético: El *I Ching* binario Chino, el "Libro de los Cambios", o "Libro de las Mutaciones"" Y pongo como referencia dos de mis artículos en base a la clave que reciben en *PubMed*: PMID: 25340175, PMID: 23431415, así como una foto tomada de uno de ellos:

|   | 000 | 001 | 010 | 011 | 100 | 101 | 110 | 111 |
|---|---|---|---|---|---|---|---|---|
| 000 | GGG = G | GGA = G | GAG = E | GAA = E | AGG = R | AGA = R | AAG = K | AAA = K |
| 001 | GGU = G | GGC = G | GAU = D | GAC = D | AGU = S | AGC = S | AAU = N | AAC = N |
| 010 | GUG = V | GUA = V | GCG = A | GCA = A | AUG = M | AUA = I | ACG = T | ACA = T |
| 011 | GUU = V | GUC = V | GCU = A | GCC = A | AUU = I | AUC = I | ACU = T | ACC = T |
| 100 | UGG = W | UGA = * | UAG = * | UAA = * | CGG = R | CGA = R | CAG = Q | CAA = Q |
| 101 | UGU = C | UGC = C | UAU = Y | UAC = Y | CGU = R | CGC = R | CAU = H | CAC = H |
| 110 | UUG = L | UUA = L | UCG = S | UCA = S | CUG = L | CUA = L | CCG = P | CCA = P |
| 111 | UUU = F | UUC = F | UCU = S | UCC = S | CUU = L | CUC = L | CCU = P | CCC = P |

Señalando de color azul la ubicación del codón de iniciación del proceso de transcripción que es la casilla AUG ubicada en la coordenada 100 en equis (x) y 010 en ye (y), así también enfatizo los tres codones de terminación con color rojo, ubicados en las casillas: 001, 010 y 011 en equis y todas en la misma coordenada 100 en ye.

Luego, a continuación presento una escritura que siempre que la leo me deja sorprendido, de Isaías:

"Porque [Dios] derribó a los que moraban en lugar sublime; [Dios] humilló a la ciudad exaltada … [Dios] la derribó hasta el polvo… Jehová Dios nuestro, otros señores fuera de ti se han enseñoreado de nosotros… Muertos son, no vivirán; han fallecido [Rephaim], no resucitarán [¡no habrá resurrección para los Rephaim!]; porque [tú, Dios] los castigaste, y destruiste y deshiciste todo su recuerdo [su propia memoria] …Tus muertos [oh Dios] vivirán; sus cadáveres resucitarán… y la tierra dará [es: "desechará", "arrojará fuera"] sus muertos [Rephaim]" Is. 26:5, 13-14, 19.

En esta escritura, en mi presentación pongo a la palabra "Rephaim" en color rojo, indicando que, según E. W. Büllinger también lo estudió, se trata de un nombre propio de esos seres que parecían humanos pero que no lo eran, y que por lo tanto no van a tomar parte alguna en la resurrección de los que son o fueron realmente, o 100 % seres humanos, que en aquellos tiempos se reducían básicamente a Noé y su familia. Como foto acompañante de esta escritura unas rocas con concavidades como de viviendas prehistóricas, con todo y unas escalinatas, también de piedra que conducen hacia el valle de Hinom o Gehena (ahora han edificado encima de estas estructuras pétreas una especie de muralla de ladrillos).

En la siguiente transparencia pongo la sorprendente estructura tal y como E. W. B. la descubriera para este texto, con su perfecta simetría para mostrar que los malvados Rephaím o Refaím no tomarán parte en la resurrección, me refiero a la siguiente escritura:

**Is. 26.** 1-21 **CÁNTICO EN JUDÁ**
( Alternancia Repetida )

E ⎡ i¹ | 1-4. Los justos. Su salvación.
    k¹ | 5, 6. Los malvados. Derrumbados.
  i² | 7-9. Los justos. Su camino.
    k² | 10, 11. Los malvados. Devorados.
  i³ | 12, 13. Los justos. Su Dios.
    k³ | 14. Los malvados (Refaím). No resurrección.
  i⁴ | 15-19- La Nación justa-Aumentada. Resurrección.
    k⁴ | -19 Los malvados (Refaím). No resurrección.
  i⁵ | 20. La Nación justa – Preservada.
    k⁵ | 21. Los malvados. Destruidos.

## 1.4 DE CÓMO A PARTIR DE BABEL LOS SERES HUMANOS INTENTARON DE NUEVO PRODUCIR MONSTRUOS SEMI-HUMANOS

Escritura clave para entender esto es la siguiente:

"Y dijeron [la humanidad después del diluvio]: Vamos, edifiquémonos una ciudad y una torre, cuya cúspide llegue al cielo; y hagámonos un nombre [otra vez lo intentaron, ¡como en Gn. 6!], por si fuéremos esparcidos sobre la faz de toda la tierra" Gn. 11:4.

En la transparencia de mi presentación pongo en color rojo lo que dice: "hagámonos un nombre". Aquí, E. W. B. y sus alumnos se dieron cuenta que en vez de esperar al tiempo propicio de Dios para que enviara a la humanidad "el nombre que es por sobre todo nombre", es decir Jesús, ellos se apresuraron y una vez más intentaron tener a su propio héroe o héroes, como al principio de Gn. 6, donde los hombres de renombre también se puede traducir como "hombres de nombre", los que se hacían pasar por héroes o paladines de los pueblos, sin ser el verdadero mesías o salvador.

Luego, lo que pongo es una lista en la que Dios nos entrega en clave el sentido de lo que es ser Anticristo, ya que pone a todas las tribus que menciona con una misma terminación, excepto la de aquellos que son seres con apariencia humana, pero que no son humanos (y de nuevo pongo en rojo la palabra Rephaim):

"...hizo Jehová un pacto con Abram, diciendo: A tu descendencia daré esta tierra, desde el río de Egipto hasta el río

grande, el río Eufrates: La tierra de:
1) Los ceneos, y de
2) los cenezeos, y de
3) los cadmoneos, y de
4) los heteos, y de
5) los ferezeos, y de
6) <u>los refaítas (Rephaims)</u>, y
7) los amorreos, y de
8) los cananeos, y de
9) Los gergeseos, y de
10) los jebuseos"
Gn. 15:18-21.

Y hay que darnos cuenta de que esto se lo prometió Dios al patriarca antes de que Dios le cambiara de nombre, pues dice aún Abram y la promesa es de darle a su descendencia la tierra, la cual dice Dios que ahora es una promesa que Él ha hecho extensiva a todos los que renacen de su espíritu, los cuales son hechos ¡copartícipes de las promesas dadas a Israel!

Luego, se siguen viendo escrituras en las que se mencionan a todas estas razas que tenían ya, en los tiempos en los que Moisés buscaba que Israel entrara en la tierra prometida, el control sobre esas tierras altamente fértiles y lo que Dios quería es que Israel tomara el lugar de ellas; también se indica el significado del nombre de ellas (y de unevo en el original pongo de color rojo los nombres de cada una de ellas):

"Los emitas [Emims, terrores] habitaron en ella antes, pueblo grande y numeroso, y alto como los hijos de Anac [Anakims]. Por gigantes [Rephaim] eran ellos tenidos también… Y en Seir habitaron antes los horeos [Horims, trogloditas], a los cuales echaron los hijos de Esaú… como hizo Israel en la tierra que les dio Jehová por posesión… Por tierra de gigantes [Rephaim] fue también ella tenida; habitaron en ella gigantes [Rephaim] en otro tiempo, a los cuales los amonitas llamaban zomzomeos [maquinadores]…" Dt. 2:10-12, 20.

Y descripciones de las mismas razas también las encontramos en otro libro de Moisés, las desparramó entre estos libros para que quien quisiera investigarla verdad detrás de todo esto, lo pudiera hacer; como que el adversario de Dios quería seguir vendiendo la misma mentira una y otra vez, desde antes y después del diluvio, pero esta vez a mucha menor escala; y parece que va a tratar una vez más en los días del Apocalipsis, fracasando como siempre, también en esa futura ocasión (y pongo de rojo a todas esas razas del mal que siempre se opusieron y se opondrán a Dios y a su gente):

"...todo el pueblo que vimos en medio de ella son hombres de grande estatura. También vimos allí gigantes [Nephilim], hijos de Anac [Anakim], raza de los gigantes [Nephilim]... Entonces toda la congregación gritó, y dio voces; y el pueblo lloró aquella noche" Nm. 13:32-14:1.

También vemos a esta clase de monstruosidades no humanas, pero con apariencia humana y hasta capacidad de hablar, en los días del rey David (la palabra "Rephaim" una vez más aquí y en lo subsiguiente, la pongo de color rojo):

"E Isbi-benob ...cuya lanza pesaba trescientos siclos (3.5 Kg) de bronce... Saf [Sipai, 1 Cr. 20:4: de los descendientes de los Rephaim] ...[Lahmi, 1 Chr. 20:5 hermano de Goliath the Gittite, el asta de cuya lanza era como un rodillo de telar]. ... Estos cuatro eran descendientes de los gigantes en Gat..." 2 Sam. 21:16-19,21-22.

Y se describe un caso excepcional de un ser que con genética anormal, aparte de su alta estatura, tenía seis dedos en cada extremidad, sumando con ello 24 = 6 + 6 + 6 + 6. Siendo esto diferente al caso que a veces se da de alguna persona con seis dedos en una sola, o cuando mucho en dos extremidades (parece que solamente una persona de antecedente hindú, en el tiempo actual ha nacido con ese mismo número de dedos (24), pero no con la estatura; además se cuentan otros dos de la India que han nacido con 25 dedos, pero de nuevo no con la estatura de este sujeto enemigo de la gente de Dios de los días de David). He aquí la descripción bíblica de tal personaje:

"... hubo otra guerra en Gat, donde había un hombre de gran estatura, el cual tenía doce dedos en las manos, y otros doce en los pies, veinticuatro por todos; y también era descendiente del ~~los~~ ~~gigantes~~ [Rapah]" 2 Sam. 21:20.

Entonces, el texto dice que pertenecía al linaje del Rapha; aparte de esta abundancia del número seis en este individuo, también la descripción de su pariente Goliat está cuajada con el número seis, para ser más específico, en este caso el seis aparece tres veces, siendo de nuevo un indicativo de anticristo, y así lo fue, ya que intentó matar al antepasado de Jesús: David, veamos (subrayo los lugares donde aparece el seis, el segundo caso es porque son precisamente seis los componentes que se describen que traía este ser, en el original pongo esto de color rojo):

"...Goliat, de Gat, y tenía de altura <u>seis</u> codos y un palmo (> 3 mt). Y traía: 1) un casco de bronce en su cabeza, y llevaba 2) una cota de malla; y era el peso de la cota cinco mil siclos (57 Kg) de bronce. 3) sobre sus piernas traía grebas de bronce, 4) y jabalina de bronce entre sus hombros. 5) El asta de su lanza era como un rodillo de telar, <u>6</u>) y tenía el hierro de su lanza <u>seis</u>cientos siclos (7 Kg) de hierro..." 1 Sam. 17:4-7.

Luego, al lado de esta descripción pongo dos fragmentos antiguos de tierras filisteas, en los que se menciona: en uno el nombre de Goliat, y en otro la narrativa del evento de la victoria de David, que según el traductor É. Puech, dice así: "...al... alien... él eliminó...".

A continuación pongo la sorprendente declaración de que, en la cubierta de su publicación, en grandes letras color naranja al pie, y debajo de la parte característica a partir de la protuberante osamenta detrás de las cejas, hasta el tope del cráneo, relacionada: "Dijo la revista *Cell* en 1997: ¡"Los Neandertales No Fueron Nuestros Antepasados"!", también se observa en medio una comparación entre un neandertal alto y robusto (como las mulas pero de homínidos), y finalmente, a la derecha la foto de uno de ellos según una representación artística que apareció en el mismo número de *Cell*; aquí se destaca su fuerte musculatura y su protuberante nariz.

Luego pongo una lista que, aunque incompleta, llena el lado izquierdo, y pinto de color amarillo (que es como se presenta la selección de palabras con *Google*) los seis sitios con hallazgos en Israel de neandertales o de híbridos humanos, y son:

Proto neandertales:
1) Tabun
Neandertales clásicos:
2) Kebara
Neandertales transicionales:
3) Nahal Amid
4) Galilea
5) Mugharet et-Skhul
6) Mugharet ez-Zuttiyeh

También se les ha encontrado, aparte de muchas otras regiones y lugares, dentro de esta Asia del sudoeste: en Irán, en Iraq, en Siria, en Turquía y en el Líbano.

Luego, al lado derecho de esta información se ve el comparativo clásico que pone el resultado de comparar secuencias de ADN de humanos con humanos, lo que resulta en una campana de Gauss bien definida del lado izquierdo del gráfico, luego al comparar humanos con neandertales lo que resulta es una campana de Gauss totalmente diferente y definida al lado inmediato derecho de la anterior; por último, cuando se comparan humanos con chimpancés, lo que resulta es una campana de Gauss totalmente a la derecha de las dos anteriores; yendo entonces estas tres campanas de una mayor similitud, del lado izquierdo, a una similitud intermedia, a la derecha de la anterior, para finalmente mostrar una similitud menor, al lado extremo derecho. Pero lo que yo observo como mi propia conclusión es que los neandertales aparecen en una gaussiana aunque más cercana a los humanos, pero aún así, intermedia entre los humanos y los chimpancés.[1]

En seguida de esta transparencia pongo yo una foto de museo en la que se ve la comparación de un esqueleto completo humano, que aparece de color blanco, delgado, de "facciones" finas comparado con el otro, de calavera relativamente frágil, mientras que el otro, imaginen a un Goliat, pero que pareciera ser el de un neandertal clásico, por lo grueso de la osamenta, es decir por lo calcificado de la misma dada su longevidad, que en ese entonces era semejante a la del ser humano (y aquí estamos hablando de los tiempos de antes del diluvio, cuando también los humanos (llamados cromañones, tenían anchas osamentas dada la calcificación debida a la alta longevidad) ya que los esqueletos de después del diluvio, tanto de humanos como de neandertales, dependientes éstos de aquellos, se volvieron más delgados), ya que se le ve de una osamenta más ancha, con un color café, antiguo, también con bastante más gruesa y ancha calavera, y desde luego, con protuberantes cejas y casi el doble del espacio de la nariz, además de su mayor altura, al ser comparado con el del humano.

---

[1] Krings M, Stone A, Schmitz RW, Krainitzki H, Stoneking M, Pääbo S. "Neandertal DNA sequences and the origin of modern humans" (Secuencias de DNA de Neandertal y el origen de los modernos humanos). *Cell* 1997. 90 (1): 19–30.

| **Neandertales, lo que los separa de nosotros:** Algunos genes que varían entre ellos y los modernos humanos ||
|---|---|
| RPTN | Codifica la proteína repetina, que se expresa en la piel, las glándulas sudoríferas, raíces del cabello, y las papilas gustativas |
| TRPMI | Codifica "melastatina", proteína que pigmenta a la piel |
| THADA | Asociada a la diabetes del tipo dos en humanos, metabolismo energético alterado |
| DYRK1A | Área crítica causante del síndrome de Down |
| NRG3 | Área de mutaciones asociadas con esquizofrenia |
| CADPS2, AUTS2 | Área de mutaciones implicadas en autismo |
| RUNX2 | Causa displasia cleido-craneal, caracterizada por retraso en el cierre de las suturas craneales, clavículas malformadas, caja de costillas en forma de campana, y anormalidades dentales |
| SPAG17 | Proteína importante para el nado del flagelo del esperma |

Cuadro tomado de: *Science* 328, p. 684, 7 de mayo del 2010.

Sería muy prolongado y profundo el explorar cada una de ellas, pero se pueden ver en ellos serias alteraciones mentales, tales como esquizofrenia, autismo y aún cierta semejanza al síndrome de Down, pero a mi gusto, la más importante es la que tiene que ver con su alta esterilidad debida a malformaciones en el "flagelo del esperma", lo que me hace pensar en que eran híbridos estériles como todos aquellos de las "mulas" entre animales (tema que trato más ampliamente en mi otro libro relacionado, llamado: "La Biblia y la genética").

Luego, en mi siguiente transparencia, también tomada de la misma revista del cuadro anterior, pero de otra página (p. 681), señalo que "¡Neandertales y humanos fueron contemporáneos!", y dice en el texto describiendo a esta figura, que ella consiste en los: "Puntos de Contacto. Los datos arqueológicos sugieren que los Neandertales y los Humanos pudieran haber vivido lado a lado inicialmente en el Medio Oriente y posteriormente en Europa". Y sorprendentemente, se confirma el hecho que vemos en la Biblia de que los seres humanos son aún más antiguos que los neandertales (llámense Goliat, Og, los Nephilim, los Refaim, los Anakim, etc.), hasta ahora confirmado para dos lugares, siendo uno de ellos precisamente el lugar de creación de Adán y Eva, en el Medio Oriente, en un lugar llamado Hayonim, pero también en un lugar al norte de África, llamado: Jebel Irhoud, pero luego se observa que en la vasta mayoría de los lugares, en el mismo lugar que los seres humanos se establecieron, surgieron los neandertales, por ejemplo, si en Skhul había humanos, había neandertales en sus inmediaciones, que son Tabun y Kebara, luego si en la mencionada Hayonim y en Qafzeh había humanos, entonces había neandertales en Amud. Lo mismo para Akil, en relación con los humanos, en donde muy cerca había neandertales. Lo mismo se observa en Vindija, en el Neander valley (que les dio el nombre, por allá por Alemania), en El Sidrón en España, y la estrecha proximidad entre Dar es-Soltan al norte de África donde se encuentran humanos y la presencia de neandertales justo al otro lado del estrecho de Gibraltar, nos indica que antes había un paso entre estos dos lugares, etc.

Luego pongo una transparencia en francés que presenta los sitios en donde se encuentran fósiles con rasgos que los estudiosos llaman neandertales antiguos, los que se caracterizan principalmente por ese mayor grosor de toda su osamenta (debido, como aquí se señala, a la alta longevidad y por ende, calcificación de los mismos), y los sitios de ejemplo que aquí se ponen son unos diez sitios, a saber: Petralona, Altamura, Ceprano, Mauer (con dos locaciones muy cercanas), Bilzingsleben, Tautabel, Biache, Swanscombe, Boxgrove y Atapuerca.

Para esa misma transparencia, yo pongo la siguiente y altamente significativa escritura (pintando en el original de rojo la palabra Rephaim, y poniendo en itálicas en rosa la palabra Abadon):

"¿En dónde están los Rephaim? ¡Bajo el mar, y las cosas que en él están! Delante de Él [de Dios], el Sheol yace al descubierto, y el profundo Abadón no puede esconderse." *The Companion Bible* (Traducción de E. W. Büllinger)" Job 26:5-6.

El alto valor de este texto en el contexto que nos ocupa es que habla de los neandertales antiguos y los llama "Rephaim" y dice que ahora se encuentran, con todo lo que tenían, bajo el mar, debido al diluvio que inundó a la tierra en los días de Noé (por lo tanto, muchos tesoros serán descubiertos en los días futuros de los nuevos cielos y la nueva tierra, cuando los mares desaparecerán, y se podrá caminar por todo aquello: ¿cuántos tesoros de los perversos seres de antes del diluvio serán descubiertos en las profundidades de los océanos actuales?).

Luego Dios nos indica que Él está plenamente enterado de las cosas que suceden en el Abadón, palabra hebrea que significa "Destrucción", que es también el nombre personal con el que Dios llama al líder que se encuentra atrapado en esas profundidades terrestres hasta que sea liberado con sus perversos ángeles y con sus obras de maldad. Y Dios nos dice que Él sabe perfectamente todo lo que están haciendo actualmente, para el gran día en el que serán libertados para infligir un duro juicio sobre la humanidad sin Dios del futuro, antes de ellos mismos ser juzgados; y hasta donde entiendo yo, ese mismo espíritu diabólico o ángel caído, va a tomar posesión del cuerpo muerto del Anticristo para fingir una falsa resurrección como comentáramos antes. Ese versículo también dice que el sepulcro o Sheol también está completamente al desnudo para con Dios, lo que significa que Él sabe exactamente quiénes son los seres humanos que van muriendo, en detalle y cada uno (ya que eso va a ser muy importante para el momento en el que Dios levante a los humanos de la muerte para juicio, unos para vivir por siempre, otros para por siempre quedar en la nada).

Luego se observa, desde Atapuerca, a un neandertal antiguo, de eso de gruesa osamenta (dada su longevidad), de cabeza y ya casi cubierto en su totalidad por estalactitas, una evocación tremenda, para mi ver, de esas aguas del diluvio que acabaron con aquella aberración pseudo-humana que predominaba en el mundo anterior al diluvio de los días de Noé.

A continuación presento otra foto del mismo trabajo en francés, pero esta vez mostrando la distribución de las osamentas de los neandertales clásicos (dada su menor longevidad), los que tienen la osamenta más delgada. Aquí se mencionan 30 sitios, algunos con múltiples locaciones, y aún algunas sin nombre, entre ellos: Tabun y Amud en el medio oriente, Shanidar, Mechetka, Starosillya, Molodovo, Sipka, Neandertal (el valle del neander, en Alemania), Vindija y Krapina, Chatelperron, La Quina, Moula, La Chapelle-aux-Saints, Zafarraya, etc.

Sigue algo bastante intrigante y en lo que no se ha reparado tanto, dice mi transparencia: "La Degeneración Humana (y Espiritual) Originó a los Neandertales. El Flujo Genético Olvidado", en donde pongo que aún desde el 2010, ya se tenía un entendimiento limitado acerca del flujo de genes a partir de los humanos hacia los neandertales, al menos partir de tres grupos: francés, chino Han y de gente de Papúa, Nueva Guinea (PNG), que en la gráfica que se pone indica que es "recíproco" en las flechas numeradas como la dos y la tres. Luego también se pone una flecha del flujo unidireccional de *H. erectus* hacia el neandertal (en la flecha con el número uno), la referencia es de Green *et al. Science*, 2010;

328(5979):710-722. Correspondiendo al mismo número de la revista que ya se citó anteriormente. Aún un acérrimo darwinista en uno de sus libros indica que el ser humano u *Homo sapiens* sigue en línea recta como el anatómicamente moderno ser humano (que él les llama "africanos", por el paradigma actual que dice que de allí salió el ser humano, pero como ya vimos, los hallazgos indican semejante antigüedad, aún con los métodos imprecisos y sesgados de medición actuales, para restos encontrados en África del norte: en Jebel Irhoud, y los encontrados en el Medio Oriente en Hayonim, y así lo demuestra la figura ya citada que apareció en *Science* en el 2010 en la pág. 681); y en esa misma publicación se observa que los neandertales son una subdivisión de los humanos que a nada llega, como un callejón sin salida que allí se acaba (Diamond, J. *Vintage*; 2003, 360 p).

Luego pongo dos escrituras poderosas que hacen alusión al destino y al origen, respectivamente, de todos éstos seres medio animales medio humanos, todos los que son callejones sin salida, debido a su ser estériles (poniendo Rephaim en rojo y Abaddon en rosa):

"¿Manifestarás [oh Dios] tus maravillas a los muertos? ¿Se levantarán los muertos [Rephaim] para alabarte? Selah. ¿Será contada en el sepulcro tu misericordia, O tu verdad en el Abadón? [Abaddon]? ¿Serán reconocidas en las tinieblas tus maravillas, Y tu justicia en la tierra del olvido?" Sal. 88:10-12.

Este Salmo es claro al decir que los Rephaim, como antes nos dijera Isaías, ya no se van a levantar de la muerte, y nos pide el escritor inspirado por Dios que consideremos profundamente lo que acaba de escribir, con su palabra: "Selah"; también nos enseña que no hay verdad de Dios en el Abadón, que es el lugar y también el nombre del líder diabólico que se encuentra allí confinado, trabajando sin parar en la producción de al menos un par de aberraciones genéticas que van a atacar al ser humano, el primer grupo para torturarlo, y el segundo para matar a 1/3 de la humanidad, según nos lo dice Ap. 9; luego en una introversión, se nos dice que en las tinieblas, la tierra actual de Abadón no se escuchan las maravillas de Dios, y finalmente, que el estado de no vivir más de nuevo jamás para los no humanos o Rephaim, es también "la tierra del olvido", pues jamás vivirán de nuevo éstos seres.

Luego viene la siguiente escritura (de nuevo, a "Rephaim" lo pongo en rojo):

"Cuando la sabiduría entrare en tu corazón, Y la ciencia fuere grata a tu alma ... Serás librado de la mujer extraña ...su casa está inclinada a la muerte, y sus veredas hacia los muertos [Rephaim]. Todos los que a ella se lleguen, no volverán, ni seguirán otra vez los senderos de la vida ... los impíos serán cortados de la tierra, y los prevaricadores serán de ella desarraigados" Prov. 2:10, 16-19.

Aquí se no dice que sabiduría y ciencia son dos cosas que no libran de la mujer extraña (palabra que también se podría entender como "insaciable"), y dice que esta clase de mujer inclina su casa y sus veredas hacia los Rephaim, lo que indica que el origen de estos seres se asocia a una mujer insaciable, sexualmente hablando, y nos señala que así como los Rephaim van a quedar en la nada, todos los seres humanos que sigan sus pasos de maldad, serán "cortados de la tierra" y "desarraigados".

En la siguiente transparencia señalo que David y sus hombres, fueron capaces de eliminar, precisamente, a esta clase de seres Rephaim, como la Biblia también lo constata, pues dice que:

"Por la fe habitó como extranjero en la tierra prometida como en tierra ajena [gr. *allotrian*, no de nuestra familia, ajeno, no afín, enemigo, extraño, forastero]... evitaron filo de espada, sacaron fuerzas de debilidad, se hicieron fuertes en batallas, pusieron en fuga ejércitos extranjeros [*allotrion*, exraños]" Heb. 11:9, 34.

Aquí, una misma raíz tienen las palabras: "ajena" y "extranjeros", y se refiere a aquellos que tienen apariencia semejante a la humana, pero que no son iguales a los humanos; obviamente esto describe a cómo David y los suyos eliminaron a Goliat y sus hermanos. En la foto que acompaña a esta escritura pongo las calaveras de 15 organismos, todos ellos ya extintos que pudieran corresponder a esta clase de seres o "individuos", clasificados como australopitécinos y todas sus otras variantes ya desaparecidas debido a su esterilidad por ser híbridos prohibidos, ajenos o extraños a la voluntad de Dios.

Añado entonces una escritura que es fuerte pues nos habla de la decidida voluntad de Dios (poniendo en rojo dos palabras de esta escritura: "impío" y "malo"):

"Todas las cosas ha hecho Jehová para sí mismo [*lam maanehu*, para Sus propósitos], y aun al impío [*rasha*, malvado, condenable, culpable, impío, inicuo, malhechor, (activamente) malo, criminal] para el día malo [*raah*, maldad, malicia, iniquidad, adversidad, aflicción, calamidad, disgusto, angustia, daño, ofensa, miseria, dolor, pesar, apuros, desdicha, vejación]" Prov. 16:4.

Lo cual concuerda exactamente con lo que van a hacer los ángeles caídos, al participar en un juicio divino en contra de una humanidad que sistemáticamente rechaza a Dios, en los días del Apocalipsis (Ap. 9 una vez más).

# LIBRO SEGUNDO

## 2.1 LA PERMANENCIA EN RUINA DE SODOMA Y DE GOMORRA DECRETADA POR DIOS

Las ciudades de la explanada fueron juzgadas por Dios debido a su comportamiento libidinoso desenfrenado, abusivo y sin control alguno, esto nos lo dice Dios de la siguiente manera:

> "…como Sodoma y Gomorra y las ciudades vecinas, las cuales de la misma manera que aquéllos [que los ángeles caídos], habiendo fornicado [*ekporneusasai*, inmoralidad extrema] e ido en pos de vicios contra naturaleza [*heteras*, tras diferentes cuerpos que los normales], fueron puestas por ejemplo, sufriendo el castigo [la sentencia] del fuego eterno [prolongado]" Jd. 1:7.

Aquí se nos dice que esas ciudades se encuentran actualmente en desolación y ruina, ya que han sido: "puestas por ejemplo". Además se nos dice que ellas decidieron deliberadamente buscar ángeles y de alguna manera hacerlos caer sexualmente, por lo que no fue casual que hayan buscado a tan distinguidos huéspedes cuando los ángeles en sus cuerpos visibles se quedaron a pasar la noche con Lot y con su familia. Pero erraron, ya que éstos ángeles no eran de aquellos que se prestaban para tales fines decadentes. En el resto de la Biblia nos es posible descubrir que su castigo y confinamiento en ese lugar será temporal, es decir que tendrá un límite y luego serán liberados de allí por un tiempo breve para ejecutar un juicio ordenado por Dios en contra de una humanidad perversa del futuro, antes de ellos mismos ser juzgados por nosotros, los creyentes renacidos.

Luego tenemos la siguiente escritura que nos explica lo sucedió en los días de Noé, y su similitud de juicio y destrucción con lo que sucedió en Sodoma y en Gomorra, cosas ambas de semejante corrupción interna, las cuales requirieron de tales clases de destrucción:

"Como fue en los días de Noé, así también será en los días del hijo del hombre [en la segunda parte de la segunda venida de Jesucristo]... Asimismo como sucedió en los días de Lot... el día en que Lot salió de Sodoma, llovió del cielo fuego y azufre [*pyr kai theion*], y los destruyó a todos. Así será el día en que el Hijo del Hombre se manifieste" Lc. 17:26-30.

Y lo más notable es que Dios vincula a estas dos destrucciones del pasado con la futura destrucción de los impíos en los días del Apocalipsis, los cuales estarán en semejanza de condiciones morales que las de la gente de los días de Noé y los moradores de Sodoma y Gomorra.

Luego pongo en una transparencia a Estrabón, y digo que él escribió que los locales viviendo cerca de Moasada de su tiempo, dicen que: *"antes hubo trece ciudades habitadas en esa región de la que Sodoma era la metrópolis"*.

Por su parte, Flavio Josefo acertadamente escribió que, como hasta el día de hoy y hasta el día del juicio final: *"aún existen los restos de ese fuego divino; y los Vestigios* (o Rastros) *de las cinco ciudades aún son visibles"*.

Luego pongo las ubicaciones actuales de esas cinco ciudades de las planicies que estaban alrededor de un lago salado muy fértil y muy próspero, que a partir de ese juicio divino se convirtió en el "Mar Muerto", alrededor del cual se tiene las evidencias de esas cinco ciudades. Pongo también la evidencia de que uno de los personajes notables del pasado de estas ciudades, aparece mencionado tanto en la Biblia como también en una de las tablillas de arcilla cuneiformes de los Babilonios: "Birsa, rey de Gomorra" (Gn. 14:2). Es notable, además, que desde este capítulo del Génesis se observa que los de Sodoma y de Gomorra estaban del mismo bando que los Rephaim (Gn. 14:5), seres aberrantes producidos por la degeneración humana. A todos ellos los derrotó Quedorlaomer y los suyos, pero como el buen Lot vivía en las inmediaciones de Sodoma, fue tomado cautivo con todos los suyos y todas sus cosas, siendo esta la razón por la que Abraham y sus siervos tuvieron que luchar contra Quedorlaomer, y vencerlo, recuperando a Lot y a los otros cautivos así como al botín, el cual lo devolvieron al rey de Sodoma sin ambicionar nada de lo suyo, sabiendo que esas ciudades estaban alineadas con el mal; vemos que la destrucción de Sodoma y

Gomorra y las otras ciudades circunvecinas sucede en Gn. 19, tan sólo cinco capítulos después de esta batalla.

A continuación ejemplifico la clase de viviendas que existían en esas ciudades de Sodoma y Gomorra, las cuales eran semejantes a las que ahora vemos en Petra, precisamente al sur del "Mar Muerto", y ejemplifico ampliamente los tipos de construcciones del lugar, tales como: Tumbas, túneles, calles (incluyendo a la calle principal entre dos altísimas peñas), y aquel gran edificio labrado en la piedra y llamado: "El tesoro (*treasury*) de Petra", visto tanto desde el exterior como desde su hermoso interior colorido de vetas pulidas, las que van desde el amarillo al rojizo pasando por todos los tonos del café; así también lo ilustro con fotos como el "Templo del león" y el "Templo menor", así como una zona de casas habitación labradas entre las rocas, tanto de hogares prósperos como de hogares humildes, menos labrados; finalmente, también presento fotos de las tumbas de Petra.

## 2.2 EVIDENCIAS DE LOS RESTOS AZUFRADOS DE SODOMA Y DE GOMORRA

Las evidencias que presento durante el resto de este estudio, de que Sodoma y Gomorra y el resto de "Las Ciudades de la Llanura" ¡siguen de ejemplo alrededor del mar muerto!, tal y como Dios lo dijera mediante Judas, lo cual es también confirmado por Flavio Josefo y Estrabón, incluyen a las conchas de moluscos fusionadas al fango debido a las extremadamente altas temperaturas que se presentaron en la destrucción de éstas ciudades, cosas que fueran descubiertas por Simón Brown en Sodoma.

A continuación pongo imágenes convincentes de que todo aquello eran casas, murallas y esculturas, tanto en el exterior como en el interior, en el que se observa que aún las sillas y mesas de mármol, al tocarlas, se resquebrajan debido al calor que las calcinó.

Luego señalo las áreas que fueron visitadas, no sólo por Simon Brown, sino también por otro explorador de la historia para el programa: *"En busca de la verdad"* (del "Canal de la Historia": *"History Channel"*), llamado Josh Bernstein, así como las áreas visitadas por otro explorador que a mi gusto se convirtió en un mentiroso y se desacreditó a sí mismo, mas no a lo que él descubrió mientras estuviera en la verdad, me refiero a Ron Wyatt. Esto lo hago mediante una foto aérea de estos lugares ubicados alrededor del actualmente "Mar muerto", y digo que: "Los restos blanquecinos de las cenizas se destacan claramente del trasfondo café formado por montañas y colinas Éstas son las "ciudades de la llanura" que también se mencionan en: Gn. 14:1-3, 8-10, 34:3, etc..." Esta última evidencia es muy notable ya que demuestra que Dios tuvo una precisa "puntería" para descontarse mediante la lluvia de azufre procedente del espacio exterior, solamente sobre los sitios que tenían habitantes humanos, ¡dejando intactas las áreas que estaban despobladas (las que se observan de color café)!

El mismo ejercicio lo llevo a cabo con Gomorra, en donde pongo evidencia de murallas, pero aquí también de pirámides, ziggurats, templetes e ídolos... Poniendo la escritura que nos ofrece algunos de los nombres de éstos seres aberrantes ("hominoides") en colaboración con humanos, muy posiblemente los humanos responsables del origen de los otros:

"...Quedorlaomer [un rey Persa]... derrotó a los refaítas [Rephaim, variedad de Nephilim] ..., y a los Zuzitas [agitadores]..., a los emitas [Emims]..., y a los horeos [Horites]... y ...a todo el país de los amalecitas, y ...al amorreo... Y salieron el rey de Sodoma, el rey de Gomorra, el rey de Adma, el rey de Zeboim, y el rey de Bela (que es Zoar;) y (se) ordenaron contra [Quedorlaomer] (en) batalla..." Gn. 14:5-8.

Aquí tenemos más detalles, no sólo acerca de los otros nombres de grupos aberrantes "humanoides", sino de otras tribus humanas "malditas", aparte de Sodoma y Gomorra, tales como los amalecitas y los amorreos.

Cuando Simón Brown llevó a analizar algunas muestras del azufre purísimo caído del espacio exterior sobre Sodoma y Gomorra (azufre que se encuentra dentro de algunas como "cápsulas" o terrones formados por el material externo que aparentemente lo envolvió en su caída), la empresa *"Intertek, Sunbury Technology Centre"*, le indicó que la pureza de este azufre para alguna de las muestras tomadas era de un 93.5%, luego se observa que al encenderle fuego a este azufre presenta una flama bellamente azul mientras se encuentre inmóvil.

En el caso más antiguo de Ron Wyatt, éste llevó sus muestras al laboratorio *"Galbraith Labs., Inc."*, proporcionándole una pureza del 95.72% para sus muestras, las cuales se observan igualmente dentro de esas como "cubiertas protectoras", pero de un color aún más blanco que la muestra anterior, las cuales al ser comparadas con el azufre natural terrestre procedente de una región geotérmica, muestran que éste último es bastante más amarillo. Otro fragmento de foto que aquí incluyo muestra a una mano pulverizando un material laminar simétrico, como si hubiera sido una mesa.

Luego pongo una foto de un corte transversal que muestra la penetración del azufre blanquecino que cayó del espacio exterior a través de la roca, y una declaración: "El azufre ha fundido su camino a través de la roca. Debido a su ardiente temperatura el canal se ha vuelto a sellar. [Foto de Lennart Moller (quien al hacer este trabajo estaba en el Instituto Karolinska de Estocolmo), "El Caso del Éxodo" (*"The Exodus Case"*), p. 40]". Luego pongo la siguiente frase que pudiera explicar porque todas las muestras de azufre se encuentran circunscritas por una cubierta de material local: "Sin Oxígeno se extingue la combustión (el fuego). El mineral cercano al bolo de azufre es relativamente resistente a la erosión, formando una cubierta".

A continuación pongo un experimento muy simple hecho por un investigador hindú, me parece, el Dr. T. V. Oommen, quien dice que: "El azufre de Sodoma y Gomorra flota en el agua", y se observa el interior de una de esas pequeñas masas de azufre flotando. Luego demuestro como en menos de 40 segundos una masa de azufre que se pone a arder en el sitio en el que se encontró, se comienza a derretir cual si fuera un líquido. Y me parece que fue también Ron Wyatt quien envió otra muestra de azufre a un laboratorio diferente, cuyos resultados fueron los siguientes: "*Spectrachem analytical SRS 303-AS Semi Quantitative Analysis. Sample: Sssq*", muestra de la cual se obtuvo una pureza de azufre del 98.40%, además de la presencia de Cl: 0.31%, de K: 0.025%, de Fe: 0.021% y de Ni: 0.003/ entre otros elementos (con 0% de P y de Mn...).

Luego, tomando del trabajo investigativo y de consulta de Josh Bernstein, vemos que "En Numeira, cerca de "Zeboim", al sud-este del "Mar Muerto" (debajo de la península de Lisán y de Bab edh-Dhra), no hay bolos de azufre pero existe una gruesa capa de ceniza, ¡aproximadamente del tiempo de la destrucción de las cuatro vecinas Ciudades de la Llanura!". Esto fue corroborado por el Dr. David W. McCreery, paleobotánico de la Universidad de Willamette.

A continuación, lo que pongo es una escritura bíblica que me deja con la boca abierta cada vez que la leo, ya que procede de la boca de Jesús, quien está seguro, bajo revelación divina, de que:

"Y tú, Capernaum, que eres levantada hasta el cielo, hasta el Hades [*sheol*, la tumba, el lugar de los muertos] serás abatida; porque si en Sodoma se hubieran hecho los milagros que han sido hechos en ti, habría permanecido hasta el día de hoy. Por tanto os digo que en el día del juicio, será más tolerable el castigo para la tierra de Sodoma, que para ti" Mt. 11:23-24.

¡Si Sodoma, con toda la degradación sexual en la que estaba involucrada, hubiera visto los milagros de Jesús: Se hubiera arrepentido! Por esa certeza, el juicio divino contra Sodoma será más suave que contra Capernaum, ya que la primera jamás pudo contemplar los milagros efectuados por Cristo, mientras que la segunda si lo hizo, ¡y ni aún así creyó en él!

De fondo para la escritura anterior pongo a unos huecos, como ventanas que se observan a través de la roca de algunos de los sitios de estas ciudades calcinadas. A continuación, al pie de imágenes que muestran ziggurats del lado izquierdo, y evidencia de extremas temperaturas que hicieron que la roca se licuara y dejara, al secarse, capas con remolinos petrificados, pongo entonces la siguiente escritura relacionada con la anterior:

"Y si alguno no os recibiere [*v.gr.*: a un Evangelista de Cristo], ni oyere vuestras palabras, salid de aquella casa o ciudad, y sacudid el polvo de vuestros pies. De cierto os digo que en el día del juicio, será más tolerable el castigo para la tierra de Sodoma y de Gomorra, que para aquella ciudad" Mt. 10:14-15 [Mr. 6:11; Lc. 10:11-12].

Aquí Jesús nos indica, llevando su declaración a un extremo tremendo, que no sólo al ver los milagros de Jesús los de Sodoma y Gomorra se hubieran arrepentido: ¡sino que simplemente con escuchar las palabras de vida que alguien en representación de Cristo les llevara: ¡también con eso ellos se habrían arrepentido!!

Luego pongo una toma aérea (sacada de los mapas de *Google*), en donde señalo que existe una distancia de menos de cinco kilómetros, o alrededor de una hora caminando, desde Gomorra hasta la costa del "Mar Muerto", que antes de este juicio divino era simplemente el "Mar Salado", lleno, como decía, de vida y de recursos. En las inmediaciones de Gomorra, a la izquierda se encuentra Masada como punto de referencia.

Luego pongo la foto de una imagen calcinada con toda la apariencia de ser los: "Posibles restos de una esfinge en Gomorra (note el material importado cuando se compara con el trasfondo!)". Lo que está en paréntesis lo digo ya que en la foto, el material de esta "esfinge" es de un color blanco, fácil de desboronar, mientras que todo su entorno posee un color café (a la distancia, del lado derecho se observa un edificio parecido a un hotel de color crema, con palmeras a su lado derecho). Luego, lo que hago, es, señalar la ubicación de dicha "esfinge" a través de un mapa aéreo, lo que indica que se encuentra ubicada muy cerca, es decir, inmediatamente abajo de una vereda o camino.

A continuación pongo la foto de otras: "Ruinas de una esfinge mayor en Gomorra (¡note la estructura aislada al compararla con su alrededor!)", y a continuación su ubicación, la cual se encuentra arriba o al norte de la anterior, y de la mencionada vereda.

Le siguen los: "Posibles restos de una Pirámide en Gomorra (note la clara separación de la estructura de su alrededor!)". Al poner la ubicación de esta se observa que se encuentra al sur de la primera esfinge.

Y luego los "Posibles restos de ídolo con plataforma en Gomorra (¡note el material importado de las estructuras al frente!)"; al poner la ubicación de esta estructura observo que se encuentra a la izquierda de la anterior.

En la siguiente foto se observan, como en muchos de los lugares de la "Ruta Maya" al sur de México, los: "Restos de un obelisco en Gomorra (¡note el material importado y aislado cuando se compara con su rededor!)", al revisar su ubicación mediante fotografía aérea se descubre que se encuentra arriba o al norte de la segunda o gran esfinge y de la vereda.

Para las siguientes tres y últimas fotos ya no pongo la ubicación aérea de las mismas, sino que simplemente señalo para ellas lo siguiente: "Restos de esfinge pequeña en Gomorra (¡note claramente el material importado cuando se compara con su rededor!)"; "Ídolos adicionales, plataformas y templos en Gomorra, note el aislamiento y la diferencia en material con el trasfondo"; y "Una calle ancha que pudiera haber albergado a un río o lago en Gomorra con casas a los lados".

En la transparencia final para esta presentación pongo las fotos de los exploradores mencionados, se ve primero a Josh Bernstein, quien está sosteniendo un pedazo de la sal del "Mar Muerto" y llevando su boca a ella, luego se le ve acarreando en una pala varias muestras de azufre de Sodoma y Gomorra encendido, las cuales al recibir oxígeno por el movimiento cambian de color del azul que tienen estando en reposo o sin viento, a un, también hermoso, color violeta. Luego se ve Ron Wyatt tomando muestras de ese mismo azufre, y como su profesión para ese video aparece la frase: "Arqueólogo bíblico", luego vemos dos tomas por Simón Brown, en la primera se ve a un hombre de lentes obscuros sosteniendo lo que parecieran ser lozas de mármol quebradas y quebradizas, del viaje que realizó cuando él andaba buscando a Adma, para lo cual viajó al norte de Sodoma y Gomorra, en la última foto se le ve sosteniendo una de esas bolitas de azufre, después de haberle quitado su cubierta.

## 2.3 LA DIVINA LIBERACIÓN PARA JUICIO DEL PRIMER GRUPO QUE INTENTÓ CORROMPER AL SER HUMANO

Aquellos mismos que vimos antes como intentando corromper al ser humano, primero mediante la perversión del genoma humano, la adulteración con genes ajenos o animales a ese libro divino, a ese "*sipreka*" de Dios en el hombre, aquí están siendo liberados para un propósito especial de juicio decretado y permitido por Dios:

1. ¡El primer grupo de ángeles caídos intentó corromper al genoma humano, y gracias a Dios fracasaron! ¡Éstos son soltados en Ap. 9:1-11!

Y es por esto que Pablo nos aclara que:

"…la mujer [casada] debe tener señal de autoridad sobre su cabeza [tener respeto para con su esposo, usar su velo matrimonial (*v.gr.*, el anillo matrimonial actual)], por causa de los ángeles (*angelous*)" 1 Cor. 11:10.

El velo de la mujer casada era sujetado por aquella diadema de la que colgaban las arras que el esposo le había entregado a ella un año antes de que se casaran, como una promesa de que él sería quien proveería para ella, por ejemplo la costumbre en Belén era que se le entregaran a ella diez dracmas, y si ella perdía siquiera una de ellas, podía ser despedida del compromiso matrimonial que se llevaría a cabo al año de la entrega de estas "arras" o promesas o anticipos de fidelidad por parte de él. Éste es el drama que una vez entendido en su contexto histórico puede ser apreciado en su verdadera escala y dimensión (Lc. 15:8-10).

Y ahora sí, por fin, vamos a ver las escrituras apocalípticas que hablan acerca de los productos de las labores de adulteración genética y biológica para producir organismos destructivos terribles (con la palabra "langostas" de color rojo, y en amarillo lo relacionado con las otras plagas: "escorpiones"):

"El quinto ángel tocó la trompeta, y vi una estrella que cayó del cielo a la tierra; y se le dio la llave del pozo del abismo [*Abussou*]. Y [el ángel "estrella"] abrió el pozo del abismo [*Abussou*], y subió humo del pozo como humo de un gran horno... Y del humo salieron langostas sobre la tierra; y se les dio poder, como tienen poder los escorpiones" Ap. 9:1-3.

Es interesante que la palabra "estrella" (la que también puede significar un planeta, que significa "móvil", ya que éstos eran las estrellas "móviles") en la Biblia se usa para referirse a un ángel (ya que cada estrella también representa a un ángel, así como sucede con cada renacido, por ejemplo). Pero también, a un gran meteorito que causa estragos al caer sobre la tierra, la Biblia lo llama "estrella" (es decir, que a todo cuerpo celestial, excepto la tierra, el sol y la luna, o una constelación o aún un fenómeno celestial completo, se le llama: "estrella").

Entonces, aquí vemos que cae un gran meteorito al lugar correcto, a gran velocidad, por lo que se inserta a gran profundidad sobre la tierra, pero es posible que se refiera a un suceso visible en el Medio Oriente, ya que toda la Biblia se ha escrito con el enfoque de aquellas tierras y de la "Tierra prometida".

Pero el caso es de que salen de allí organismos muy extraños genéticamente, como langostas pero con un poder de picar y causar dolor como los alacranes, además de otros rasgos aberrantes acerca de ellos que se leen directamente en la Biblia misma. A continuación se describe a su líder de maldad, el cual también será el espíritu maligno que se meterá en el cuerpo muerto del Anticristo y así fingirá una "resurrección" del Anticristo, aún cuando el ser que esté por dentro sea un ente espiritual totalmente diferente del ser que estaba en control antes de que fuera asesinado. El texto dice así (en el original, en rosa las dos palabras de su nombre: en hebreo y en griego):

"Y tienen por rey sobre ellos al ángel del abismo [*Abussou*], cuyo nombre en hebreo es Abadón [*Abaddon*], y en griego, Apolión [*Apollyon*] (y en español es: "Destructor"). El primer ay pasó; he aquí, vienen aún dos ayes después de esto" Ap. 9:11-12.

El líder es mencionado, y se da su nombre en hebreo y en griego, siendo éste el que urdió la corrupción del hombre mediante la contaminación de la sangre humana, es decir, mediante la corrupción genética del ser humano. En la figura pongo un altorrelieve de los babilonios, que es la forma visual semejante a la descripción bíblica que de este monstruo se nos da: cara de humano con una gran y alta corona integrada como por seis niveles de diademas, con barba hirsuta o china terminando en punta como los egipcios, con alas y cuerpo de mamífero cuadrúpedo, con una cola que termina como en una punta aguda de alacrán, aunque no muy largo su aguijón, y como con una coraza en el pecho que se extiende a protegerle todo el vientre.

A continuación se da la descripción de este mismo organismo perverso y líder de los ángeles de abajo, y de lo que hará en el futuro, una vez que tome el control del cuerpo muerto del Anticristo al tercer día de que éste fuera asesinado, falsificando como decíamos, la resurrección del Cristo (usando entonces como a un "zombie" o "disfraz" el cuerpo del Anticristo), y dice (pintando de rosa la palabra "bestia"):

"La bestia [*therion*] que has visto, era, y no es; y está para subir del abismo [*Abussou*] e ir a perdición [el "hijo de perdición" de 2 Tes. 2:3]; y los moradores de la tierra, aquellos cuyos nombres no están escritos desde la fundación del mundo en el libro de la vida, se asombrarán viendo la bestia [*therion*] que era y no es, y será ...La bestia [*therion*] que era, y no es, es también el octavo; y es procedente_de (*ek*) los siete, y va a la perdición." Ap. 17:8, 11.

Entonces, y esto que sigue se repite tres veces, dándolo por plenamente establecido: y es que si era, esto era en los días de Noé, actualmente no es porque está confinada en las profundidades de la tierra, en prisiones de obscuridad, pero va a salir de ese lugar, para actuar como el motor del Anticristo durante la segunda mitad de la tribulación, es decir, en lo que es "La gran tribulación", pero irá a perdición, es decir que es uno de los tres espíritus diabólicos que serán arrojados al "Lago de fuego y azufre" para quedar atrapados o confinados allí por siempre (los otros dos son, el espíritu o ángel caído o demonio que ocupará el otro cuerpo notable de esa época: el del falso profeta, y el mismo Satanás, el adversario).

Además, E. W. B. fue quien desentrañó el enigma que se encontraba detrás de las palabras: "es también el octavo; y es procedente_de (*ek*) los siete", dice él que es un octavo porque por dentro es un ser diferente tomando el control del cuerpo del séptimo, es decir que el séptimo y el octavo, siendo dos seres diferentes están en control de un mismo cuerpo, en este caso el del Anticristo, pero ¿cómo es esto posible? Veamos, el primer habitante de ese cuerpo (el séptimo "cuerno") fue el ser humano natural, como cualquier otro ser humano como nosotros, pero con la diferencia de que este Anticristo en su fase de humano le era plenamente obediente a Satán, entregado a él; mientras que el segundo es Abadón, procedente del abismo, llamado también "La bestia" (el octavo "cuerno", salido o procedente del séptimo) debido a todas las maldades que ejecutará, especialmente en contra de los que deseen obedecerle a Dios bajo aquellas circunstancias desfavorables.

## 2.4 LA DIVINA LIBERACIÓN PARA JUICIO DEL SEGUNDO GRUPO QUE INTENTÓ ELIMINAR AL SER HUMANO

Aquellos otros, los mismos que vimos antes como intentando eliminar al ser humano, y en este caso mediante posesión diabólica de otros tanto seres semi-humanos como animales, en su intento por aniquilar a los que permanecían genéticamente puros: Noé y sus hijos, aquí están siendo también liberados para un segundo propósito especial de juicio, más fuerte que el anterior, decretado y permitido por Dios:

2. ¡El segundo grupo de ángeles caídos intentó destruir a Noé y a sus hijos con seres poseídos, y también fracasó (gracias a Dios)! ¡Éstos seres malignos son soltados bajo el permiso controlado de Dios, en Ap. 9:12-21! (Con la palabra referente a ellos: "espíritus", en color rojo).

"Teniendo buena conciencia… Porque también Cristo padeció una sola vez por los pecados, el justo por los injustos, para llevarnos a Dios, siendo a la verdad muerto en la carne, pero vivificado en espíritu; en el cual también fue [Jesús] y predicó [proclamó su victoria] a los espíritus [pneumasin] encarcelados [phulake], los que en otro tiempo desobedecieron, cuando una vez esperaba la paciencia de Dios en los días de Noé, mientras se preparaba el arca…" 1 Pe. 3:16, 18-20.

Jesús, en cuanto resucitó, fue a anunciarles su victoria a esos ángeles caídos, espíritus encarcelados, también entonces a los de este segundo grupo, los que actuaron más específicamente en el tiempo, cuando se preparaba el arca de Noé, mientras que el primer grupo que vimos en el capítulo anterior trabajó durante un más largo periodo de tiempo que estos últimos. La desobediencia de estos seres malignos es que decidieron meterse en cuanto ser viviente encontraron en su intento por acabar con Noé y su familia, pero también fracasaron: Dios le pidió a Noé y a su familia que se metieran al arca, cerrándoles Él mismo la puerta, desde una semana antes de que comenzaran los diluvios de las aguas, ¡y una vez que Dios protege a alguien, no hay fuerza alguna de las tinieblas que pueda superar su protección divina!

El libro del Apocalipsis nos describe de la siguiente manera la liberación para juicio de este segundo grupo de ángeles caídos, más maligno y pernicioso que el anterior, ya que al anterior no se le permitió matar a hombre alguno, sino solamente torturarlo, hacerlo sufrir, sentir el dolor; pero a este segundo grupo diabólico si se le permite matar a la gente, a un tercio de la humanidad maligna del futuro, pero dice allí que ni siquiera con esto el resto se va a arrepentir en lo absoluto, sino que van a empeorar en sus idolatrías y maldades

"El sexto ángel tocó la trompeta, y oí una voz de entre los cuatro cuernos del altar de oro que estaba delante de Dios, diciendo al sexto ángel que tenía la trompeta: Desata a los cuatro ángeles que están atados junto al gran río Eufrates. Y fueron desatados los cuatro ángeles que estaban preparados para la hora, día, mes y año, a fin de matar a la tercera parte de los hombres. Y el número de los ejércitos de los jinetes era doscientos millones [200,000,000]. Yo oí su número" Ap. 9:13-16.

Nótese que estos seres diabólicos salen ante el toque de trompeta del sexto ángel, de nuevo el número seis, y será más duro el castigo que infligirán estos ángeles caídos, aquí dice que sus líderes son cuatro ángeles junto al gran río Eufrates, entonces tienen una ubicación diferente en sus prisiones a comparación de los primeros que están entre la lava y el fuego, aunque ciertamente tienen a su cargo también seres que han sido trabajados genéticamente por los primeros, como se verá, pero esto habla más bien de seres que trabajan por posesión diabólica como aquellos dos mil, llamados "Legión", los que estaban: ¡todos ellos! poseyendo a un solo individuo en los tiempos de Jesús, los cuales fueron echados fuera hacia los cerdos, los que se precipitaron y se ahogaron bajo las aguas. Yo asumo que los demonios fueron arrojados a partir de allí, de esas aguas, al abismo donde estaban los otros, para completar este número asombroso de los 200 millones; comparemos esto con el último informe demográfico de las Naciones Unidas, de la ONU, o en ingles las "*United Nations*" (2017) que es de aproximadamente 7550 millones de personas.

Puesto esto en perspectiva, tenemos que un tres por ciento de ángeles diabólicos controlando a otro tanto de huestes genéticamente alteradas de los monstruos que allí se describen con todo detalle, son capaces de eliminar a una tercera parte de la humanidad aún más numerosa de los tiempos futuros en los que esto se llevará a cabo.

Es decir, que si esa aniquilación de humanos que se describe en el Apocalipsis sucediera hoy mismo, cada uno de los agentes de destrucción que se mencionan tendría que ser capaz de eliminar a unos 13 seres humanos; y claro se asume que la población del futuro será aún más numerosa que la que hay actualmente.

Me parece que Satán va a estar muy indignado cuando esto se cumpla, al ver que de entre sus propias huestes ahora están sirviendo para cumplir con un plan divino, eliminado de sus mismos servidores, pero en este caso humanos, cumpliéndose así algunas de las palabras proféticas de Cristo como aquella de que un reino dividido contra sí mismo está a punto de ser derrumbado, aquí, demonios perversos atacan a humanos perversos, ambos siendo o habiendo sido antes servidores del maligno, pero evidentemente, no aquí, en fin: ¡Sea por Dios!

"Vi a un ángel que descendía del cielo, con la llave del abismo [*Abussou*], y una gran cadena [*haysin*] en la mano. Y prendió al dragón, la serpiente antigua, que es el diablo y Satanás, y lo ató [*edesen*] por mil años; y lo arrojó [*ebalen*] al abismo [*Abusson*], y lo encerró [*ekleisen*], y puso su sello [*esphragisen*] sobre él, para que no engañase más a las naciones, hasta que fuesen cumplidos mil años; y después de esto debe ser desatado por un poco de tiempo" Ap. 20:1-3.

Aquí, en mi transparencia, el señalamiento más importante que tengo que hacer es que la palabra para abismo tiene una declinación diferente, ya que el primero es genitivo y el segundo es acusativo. Obviamente, el maligno visita, once capítulos después, a esos dos lugares en donde sus propias huestes rebeldes estuvieron presas, la mayoría durante siglos, antes de ser liberadas en el Ap. 9.

Luego pongo yo en mi presentación que la misma palabra que aquí se usa para el segundo caso: "Abusson" es la que se usa en Lucas, cuando la legión de dos mil le ruega a Jesús que no los arroje al "Abusson", y yo lo entiendo que no los arroje de inmediato, que desean ellos causar más estragos antes de irse a ese lugar, por lo que le piden que les permita entrar a los cerdos, lo que además es una evidencia de que los demonios pueden poseer animales, y de que por su desenlace precipitándose a las aguas, yo lo veo como una señal de que esto es lo que sucedía en los días de Noé en el último ataque del adversario mediante el grupo de ángeles desobedientes, hasta que el agua del diluvio se los llevó a todos, y dice así:

"y le rogaban que no los mandara al abismo (*Abusson*)" (Lc. 8:31).

Ahora, algunos argumentan que este ruego de la legión de dos mil demonios iba dirigido al demonio líder de todos ellos y no a Jesús, pero eso es solamente una especulación, ya que Jesús aquí mostro tener dominio sobre los demonios, incluyendo "a su líder" si es que lo tenían, aunque la escritura no especifica este detalle, por lo que esa opinión pareciera ser una simple especulación. Además, los cuidadores de los cerdos asumieron que la autoridad final que había permitido el desplome de los cerdos a las aguas era Jesús, no un "demonio mayor", y por eso le rogaron los ciudadanos de aquel lugar, obviamente gentil, ya que los judíos no comen carne de cerdo, que por favor se alejara de allí.

Luego viene una escritura maravillosa que muestra nuestra soberana autoridad sobre todo demonio, tal y como Cristo la tenía y más; así también, indica que nosotros seremos los que juzgaremos a toda esa sarta de demonios de todos los colores y sabores: los del primero y segundo grupo que estaban presos y que se han mencionado, los que han seguido cayendo como moscas al abismo en sus dos locaciones: la cercana al fuego y la cercana a las aguas, los que siguen actualmente libres, etc.

"¿O no sabéis que los santos han de juzgar [regir] al mundo? Y si el mundo ha de ser juzgado [regido] por vosotros, ¿sois indignos de juzgar [regir] cosas muy pequeñas? ¿O no sabéis que hemos de juzgar [regir] a los ángeles? ¿Cuánto más las cosas de esta vida?" 1 Cor. 6:2-3.

Y aquí tenemos una anfíbole (dos cosas significadas con una misma palabra o contexto) bastante interesante, ya que la palabra griega para juzgar puede significar también regir, y aquí ambas cosas son verdaderas, por ejemplo, para el primer caso: ¿vamos acaso a regir al mundo del futuro con Cristo? ¡Sí Señor!, ¿vamos también a colaborar con él en el juicio de la humanidad en sus diversas instancias? ¡Sí Señor!; ahora veamos la segunda instancia: ¿somos capaces de controlar aquellas cosas que son de poca importancia? ¡Sí Señor!, ¿somos también capaces de juzgar respecto a qué o quién está bien y aquello o aquellos que están mal? ¡Sí Señor!; por lo tanto, entrando ya a nuestra última instancia, nos preguntamos: ¿Seremos acaso capaces de tener autoridad para ordenarles a los ángeles buenos que nos ayuden? ¡Sí Señor!, y así también por último: ¿Seremos acaso capaces de tener autoridad para juzgar con sabiduría cada caso en particular de aquellos ángeles que cayeron en masa debido a la rebelión de su jefe (para que no todos reciban el mismo destino, sino que cada uno también según sus acciones y decisiones en lo particular, si no, que fácil sería para un solo cristiano decirles a todos esos ángeles caídos: váyanse todos a la porra, al lago de fuego y azufre; no, yo creo que habrá también diferencias y niveles, pero ya nos lo dirá el Señor)? ¡Sí Señor Jesús!; ¡Ven Señor Jesús!

Ahora, el hecho de que Jesús ahora está a cargo de esos dos grupos de ángeles caídos que ahora se encuentran presos, y del resto de ellos (si en vida se decía: ¡hasta los demonios le obedecen!, ¡con mayor razón ahora que se encuentra a la diestra de Dios con millones de extensiones de su poder para echar fuera demonios, eso espero, debido a todos los cristianos renacidos que andan con su pleno poder!):

"y vosotros estáis completos en él [Jesús], que es la cabeza de todo principado y potestad" Col. 2:10.

Entonces: ¿Quién dice Dios que tiene poder sobre todos los demonios y está a cargo de los que se encuentran presos? Yo entiendo que para ambas preguntas: ¡la respuesta está en Jesús!

# APÉNDICES

**D**ecidí para mis más recientes presentaciones, que la información adicional de evidencia podría ser agregada como extra al final de lo substancial del tema, por lo que aquí pongo esas cosas interesantes que corroboran a lo ya visto:

En relación con otros grupos de seres semi – humanos producidos a instancias de demonios, tenemos a los siguientes: Los Anakim (palabra equivalente a los Nephilim y a los Rephaim en la Biblia, nada que ver con seres buenos o superiores de estirpe alguna, lo mismo "Nephi", de Nephilim, palabra de seres caídos no humanos que nada tiene que ver con seres humanos verdaderos, para que tomen nota los que están bajo el engaño de una fantasía, imaginación de otros, o absurda novela glorificada al nivel de las creencias; pongo "Anakim" en rojo):

"y también vimos allí a los hijos de Anac [Anakim]..." Dt. 1:28.

Se puede entender esto de "hijos" (*Bene*) como aquellos seres que han sido producidos o generados por Anac, no necesariamente "hijos" biológicos, sino sus productos, semejante a como si lo fueran de un "científico" o "ingeniero" que los generó.

"...a Caleb... dio... conforme al mandamiento de Jehová... la ciudad de Quiriat-arba padre de Anac [Anak], que es Hebrón. Y Caleb echó de allí a los tres hijos de Anac [Anak], a Sesai, Ahimán y Talmai, hijos de Anac [Anak]" Jos. 15:13-14.

Aquí pongo a Anak en rojo y a los nombres de sus "productos" en anaranjado: Sesai, Ahimán y Talmai (es como el grupito posterior de Goliat y sus "hermanos", lo que incluía a aquel "altote" de los 24 dedos o seis en cada mano). La foto que incluyo viene del mundo asiático, me parece que de Angkor, y muestra a un paladín gigante luchando y cegando con una gran lanza a un enemigo, mientras que la gente a la que él representa está detrás de él.

"…pueblo grande y numeroso, y alto, como los hijos de Anac [Anakim]; a los cuales Jehová destruyó delante de los amonitas… [y] …destruyó a los horeos… y a los aveos [Avim, tumbadores]… …[Vas a] entrar a desposeer a naciones más numerosas y más poderosas que tú, ciudades grandes y amuralladas hasta el cielo, un pueblo grande y alto [altivo], hijos de los anaceos [Anakim], de los cuales tienes tú conocimiento, y has oído decir: ¿Quién se sostendrá delante de los hijos de Anac [Anak]? …[Dios] los destruirá y humillará delante de ti…" Dt. 2:21, 23; Dt. 9:1-3.

Aquí puse Anakim, Anak y Avim en rojo. La imagen elegida representa a unos gigantones que han sido atrapados y parece que piden clemencia, de uno de los bajorrelieves de los egipcios.

"…Porque únicamente [aún, en esa región] Og rey de Basán [Og estaba reinando sobre los amorreos, Jos. 2:10] había quedado del resto de los gigantes [Rephaim]. Su cama, una cama de hierro, ¿no está en Rabá de los hijos de Amón? La longitud de ella es de 9 codos, y su anchura de 4 codos [4 x 1.8 mt], según el codo de un hombre" Dt. 3:11.

Aquí, pongo de color rojo a la palabra "Rephaim" y la imagen que incluyo es una de un como castillo o fortaleza muy antigua en la cima de un monte, diciendo la frase: "Las ciudades gigantes de Basán" y de la escritura:

"Muy altos son los montes de Basán, altas son sus cimas. ¿Por qué miráis con hostilidad, montes altos, al monte que deseó Dios para su morada? Ciertamente Jehová habitará en él para siempre" Sal. 68:15-16.

Habla de la altura de estos montes sobre los que se establecieron los Rephaim, como este Og que tenía controlados a los amorreos, tomando control después los de "su" pueblo sobre los amonitas (por aquella frase que leemos de que al final los que tenían en exhibición la gran cama eran los hijos de Amón).

"Porque hemos oído que Jehová hizo secar las aguas del Mar Rojo delante de vosotros cuando salisteis de Egipto, y también lo que habéis hecho con los dos reyes de los amorreos que estaban al otro lado del Jordán, con Sehón y Og, a los cuales habéis destruido" Jos. 2:10.

Menciona a éstos dos lado a lado y en igualdad de términos, por lo que tal vez ese Sehón también era de esas razas medio humanas pero no completamente humanas, aunque de otra variante que la alta de Og, ya que aparentemente Sehón no se distingue por su estatura como el otro.

"…Y volvió a haber guerra en Gat, donde había un hombre de grande estatura, el cual tenía seis dedos en pies y manos, veinticuatro por todos; y era descendiente de los gigantes [Rapha]" 1 Cr. 20:6.

Aquí, pongo de color la palabra "Rapha" y esta es una de las dos escrituras que hablan de que este gigantón tenía seis dedos e cada extremidad.

Luego tenemos la escritura que en un caso menciona a dos demonios y en el otro menciona a solamente uno, algunos la toman como una historia idéntica, pero con un evangelista enfocado solamente en uno de los dos endemoniados, pero aquí, curiosamente E. W. Büllinger concluye que se trata de dos historias diferentes, especialmente porque el nombre que designa a los segundos en griego es diferente de nombre de los primeros:

"Cuando llegó a la otra orilla, a la tierra de los gadarenos, vinieron a su encuentro dos endemoniados… Y he aquí una mujer cananea que había salido de aquella región [de Tiro y de Sidón] clamaba, diciéndole: !!Señor, Hijo de David, ten misericordia de mí! Mi hija es gravemente atormentada por un demonio…" Mt. 8:28; 15:21-22.

"Y arribaron a la tierra de los gadarenos (el texto antiguo griego dice "geraseos"), que está en la ribera opuesta a Galilea. Al llegar él a tierra, vino a su encuentro un hombre de la ciudad, endemoniado desde hacía mucho tiempo…" Lc. 8:26-27.

Aquí está el tremendo caso que leemos en Lucas, el que nos da el número de demonios poseyendo a un sólo individuo:

"…Y le preguntó Jesús, diciendo: ¿Cómo te llamas? Y él dijo: Legión. Porque muchos demonios [~2,000, Mc. 5:13] habían entrado en él. Y le rogaban que no los mandase ir al abismo [*Abusson*, siempre refiriéndose a un lugar debajo de la superficie terrestre]. Había allí un hato de muchos cerdos que pacían en el monte..."

Aquí es en donde se da el número de los demonios, caso que para el médico Lucas ha de haber sido muy impresionante (la palabra "demonios" aparece en color):

"él, de inmediato, les dio permiso. Y saliendo aquellos espíritus impuros, entraron en los cerdos, los cuales eran como dos mil. El hato se precipitó al mar por un despeñadero, y en el mar se ahogaron" Lc. 8:30-32.

"...y le rogaron que los dejase entrar en ellos; y les dio permiso. Y los demonios, salidos del hombre, entraron en los cerdos; y el hato se precipitó por un despeñadero al lago, y se ahogó [asfixia, ¡cómo en el diluvio de Noé!]... había sido salvado [sanado] el endemoniado... Y él se fue, publicando por toda la ciudad cuán grandes cosas había hecho Jesús con él" Lc. 8:32-39.

| Estudio de los dos lugares con ángeles *caídos*: | |
|---|---|
| Abussou (Abismo, con fuego) | Abusson (Abismo, profundidad, "mar") |
| Ap. 9:1 El quinto ángel tocó la trompeta, y vi una estrella que cayó del cielo a la tierra; y se le dio la llave del pozo del abismo. | Lc. 8:31 Y le rogaban que no los mandase ir al abismo. |
| Ap. 9:2 Y abrió el pozo del abismo, y subió humo del pozo como humo de un gran horno; y se oscureció el sol y el aire por el humo del pozo. | Rom. 10:7 O, ¿quién descenderá al abismo? (esto es, para hacer subir a Cristo de entre los muertos). [Cita de Dt. 30:13 Ni está al otro lado del mar, para que digas: ¿Quién pasará por nosotros el mar [yam en heb.], para que nos lo traiga y nos lo haga oír, a fin de que lo cumplamos?] |
| Ap. 9:11 Y tienen por rey sobre ellos al ángel del abismo, cuyo nombre en hebreo es Abadón, y en griego, Apolión (que significa "Destructor"). | |
| Ap. 11:7 Cuando hayan acabado su testimonio, la bestia que sube del abismo hará guerra contra ellos, y los vencerá y los matará. | |
| Ap. 17:8 La bestia que has visto, era, y no es; y está para subir del abismo e ir a perdición; y los moradores de la tierra, aquellos cuyos nombres no están escritos desde la fundación del mundo en el libro de la vida, se asombrarán viendo la bestia que era y no es, y será. | Ap. 20:3 Y lo arrojó al abismo, y lo encerró, y puso su sello sobre él, para que no engañase más a las naciones, hasta que fuesen cumplidos mil años; y después de esto debe ser desatado por un poco de tiempo. |
| Ap. 20:1 Vi a un ángel que descendía del cielo, con la llave del abismo, y una gran cadena en la mano. | |

# CONCLUSIONES

**H**emos leído en este libro lo que fuera mi presentación acerca de este tema, teniendo como puntos principales los siguientes:

1. El primer intento del enemigo de Dios para acabar con la humanidad y/o ya de perdida para evitar la venida del Salvador, la venida del Mesías, fue aquel en el que intentó que toda la humanidad corrompiera su moral, pero no sólo eso, sino que también intentó corromperla al punto de que su genética quedara totalmente adulterada con una mezcla de los genes de los grandes simios, excepto que un hombre le creyó a Dios, y evitó su corrupción, tanto la moral, como en ese momento la más importante: la de su genética 100% humana (¡*tamim*!).

2. Al darse cuenta el enemigo de Dios que su primer intento había fallado, tuvo un segundo propósito, el cual consistió en ejercer violencia sobre esa familia 100% humana que aún quedaba viva, violencia que ejercitó a través de posesión diabólica de seres humanos, de neandertales y otros "hominoides", y de otras clases de animales; este ataque también fue evitado por Dios, ya que, entre otras cosas, Él mismo le envió a Noé los animales que Él quiso preservar y además le pidió a Noé y a su familia que se metieran al arca (para estar protegidos creo yo), cerrándoles Él mismo la puerta, y hasta después de una semana de que ellos ya estaban adentro, es que el diluvio comenzó.

3. Se observa primero que el adversario intentó falsificar la concepción divina, profetizada ya por Dios desde el Génesis 3:15, y la forma en que parece que lo hizo es mediante la producción de monstruosidades con genes en parte animales y en parte humanos, esta degradación de lo que es humano había llegado a un extremo tal que el único que conservaba su linaje 100 % en aquel entonces era Noé y su familia. Esto fue la razón que hizo necesario para Dios el pensar en un "bautismo", como nos lo explica Pedro, del planeta tierra: para limpiarlo, ahogando a todas aquellas impurezas que no eran parte de su diseño original, incluyendo a los pseudo-humanos tales como los neandertales, *H. erectus*, australopitecus y demás organismos de apariencia humana pero ya contaminados con genes animales, y por ende, como híbridos que eran, como "mulas" que eran, tenían esterilidad; y este proceso degenerativo de la humanidad se comenzó a dar con el permiso de Adán, 120 años antes de su fallecimiento bajo un juicio divino; Dios también barrió a todos esos mamíferos gigantescos que obviamente no eran parte de su plan original de creación ajustada a la medida del ser humano, tales como mamuts, mastodontes, perezosos gigantescos, gliptodontes, etc.

4. Al darse cuenta el adversario de Dios y del hombre, Satán, que su primer plan había fracasado, envió a una segunda cuadrilla de demonios, cuando esperaba la paciencia de Dios en los días en que Noé preparaba el arca, y consistió, como Jesús nos lo ejemplificó por sus acciones al echar fuera a aquella legión que invadió a dos mil cerdos, los cuales se precipitaron al agua, terminando ahogados; entonces, decía, el segundo ataque de Satán y sus huestes consistió en posesión diabólica de todos esos pseudo-humanos caníbales y guerreros que buscaban la destrucción de Noé y de sus hijos, así como la posesión diabólica de los animales, excepto aquellos que Dios mismo le mandó a Noé (otro poderoso indicio de que Dios con esto nos indicó que los que no se extinguieron en aquel entonces eran los suyos, los de su creación genuina, mientras que los gigantescos mamíferos, así como los pesudo-humanos que yacen con sus tesoros en las profundidades marinas, fueron arrasados por las aguas). Dios previno este ataque final mediante el meter a Noé y los suyos al arca una semana antes de que se desatara el diluvio o, como lo exploro en mi libro primero acerca de "Las aguas de arriba", esa penetración a través de los hoyos de ozono de aguas de la mono-capa que

rodeaba a nuestra atmósfera, reliquia del agua que había inundado al universo de los tiempos de los dinosaurios, causa también en esos tiempos de su extinción. Y entonces Dios les cerró la puerta, y cuando Dios cierra una puerta, ¡no hay fuerza alguna que pueda abrirla!

5. Luego nos enfocamos en el hecho de que Dios señala en Su escritura que Él mismo desea que Sodoma y Gomorra se queden como están a partir de su destrucción, con la finalidad de que sirvan de ejemplo, es decir: de escarmiento, a todos aquellos que quieran vivir impíamente. La evidencia claramente indica que aún existen los restos de éstas ciudades en las que imperaba la maldad, y aún en los tiempos de los historiadores Estrabón y Josefo se dice que se sabía de su existencia, y se podía tener acceso a ellas, respectivamente.

6. Aquí vemos que ha habido varios exploradores que han ido a las inmediaciones del "Mar Muerto", muy cerca de Masada, en donde se encuentran las ruinas de Gomorra, y más arriba las de Sodoma, Josh Bernstein trabaja por ejemplo para el "Canal de historia" e hizo un excelente trabajo mostrando a las grandes masas el lugar así como otras características del mismo, así como del azufre que cayó del cielo; luego tenemos a Simón Brown, un explorador que lo arriesgó todo para llegar a ese lugar, y luego para invitar, junto con su esposa, a sus familiares y amigos, logrando demostrar cómo al quemar el azufre que descendió del cielo, éste es capaz incluso de hacerle una perforación a una cuchara de metal; finalmente tenemos al controversial Ron Wyatt, quien fuera de los pioneros en dar a conocer este sitio a la cristiandad moderna de occidente, y corroborando independientemente la veracidad del lugar, tenemos al investigador Lennart Moller, y la naturaleza del azufre que cayó del cielo es evaluada en tres laboratorios independientes así como por otro investigador, el Dr. T. V. Oommen. Finalmente, se muestran algunas estructuras de los lugares devastados, y más específicamente la ubicación aérea de algunas ubicadas en Gomorra, cercana a Masada.

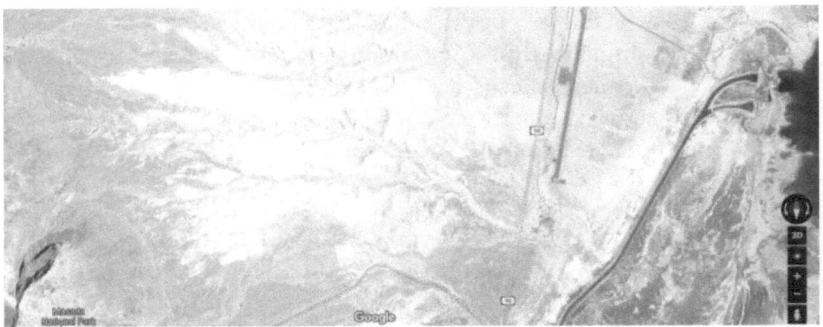

Mapa mostrando el recorrido que se hace de Masada (parte inferior izquierda) al Mar Muerto en una hora caminando. El área de Gomorra corresponde a las áreas banqueadas y va hacia arriba.

7. Continuando con el destino final de esos seres espirituales que hicieron su primer intento por corromper al ser humano desde los días de Adán, y de manera muy limitada y sin éxito alguno después de eso, los vemos de nuevo, siendo libertados por designio divino en los días de la primera parte del Apocalipsis 9, transportando sus obras de hibridación genética artificial, las cuales son como langostas pero con rostros humanos y colas de alacrán, los cuales torturan a la humanidad pero no la matan, y tienen como líder a Abadón, el ángel diabólico que posteriormente penetra en el cuerpo muerto del Anticristo, después de tres días y de tres noches, falsificando con ello la resurrección de Cristo. Y ahora que escribo esto me doy cuenta que ese mismo ser espiritual es el que ha estado involucrado tanto en falsificar la concepción divina, desde los días del hombre al que fuera revelada (Adán), como en falsificar la resurrección divina de Jesús, en los días de la Gran Tribulación que está por venir.

8. Finalmente, se explora al segundo grupo que intentó acabar con el último ser humano que aún se conservaba genéticamente puro ("tamim") en aquel entonces: Noé y su familia, y ellos lo intentaron con posesión directa de los pseudohumanos y los animales adulterados genéticamente que rondaban alrededor del arca de Noé, pero Dios protegió a Noé cerrándole la puerta, como ya dijimos. ¡Ah! Pues estos ángeles diabólicos se ve que son libertados en la segunda parte del Apocalipsis 9, sus líderes se encuentran presos cerca de las aguas del río Eufrates (sabrá Dios que signifique eso en el

entramado espiritual – histórico de nuestro gran Dios), pero salen de allí con doscientos millones de mutantes que en esta ocasión sí reciben la orden divina de matar a un tercio de la humanidad apóstata y rebelde de ese futuro, lo cual llevan a cabo, pero tristemente, la narrativa nos dice que ni aún así se arrepentirán de todas sus idolatrías los seres humanos que queden vivos, por lo que se requerirá aún un tercer "¡Ay!" más estrepitoso y tremendo que acabe con todo aquel sistema, incluyendo la venida gloriosa de Cristo y sus huestes a derrotar al demonio Abadón y al demonio del falso profeta, que a mi pensar es uno de esos cuatro líderes libertados de las aguas, los cuales son entonces arrojados al "Lago de fuego y azufre", pues ya habían estado por un tiempo prolongado en las tinieblas de obscuridad en cadenas y prisiones, que es a donde va a dar el adversario Satán, en donde estará confinado por mil años, los años del reinado pacífico de Jesucristo sobre la tierra, para ser entonces libertado por un poco de tiempo, siendo finalmente derrotado este Satán, para ir a hacerles compañía al tal Abadón y al otro demonio en ese lugar de confinamiento, ahora sí que perpetuo. En ese entonces, como ángeles, nosotros seremos capaces de desplazarnos por todo el universo ¡y aún más allá de las aguas que lo rodean!

## ACERCA DEL AUTOR

Fernando Castro Chávez recibió a Cristo como su Señor desde que era niño y profesionalmente posee un postdoctoral en Biología Molecular por los norteamericanos Institutos Nacionales de Salud (*NIH*), habiendo trabajado para su doctorado (PhD) en el Colegio Baylor de Medicina (*BCM*, en Houston, TX), obteniendo éste así como su Maestría (MSc en Procesos Biotecnológicos) en la U. de G., mientras que su Licenciatura (BSc en Ingeniería Agrícola en Agroecosistemas) y su Especialidad (en Zootecnia) las obtuvo en la U.A.G. Además, en un sabático preparó "Arreolanza o La Clase de Arreola", así como su descubrimiento de la "Lectura Alterna de "La feria" de Arreola a través de sus viñetas (dibujadas por Vicente Rojo Almazán)" (documentado en sus "Comentarios a "La feria" de Arreola" y en otros lugares), y el texto de la novela "Ecos terrenos".

www.ingramcontent.com/pod-product-compliance
Lightning Source LLC
Chambersburg PA
CBHW030500220526
45464CB00006B/2596